U0056276

給孩子的
第一本

25個日常範例
帶領孩子深度思考

科學啟蒙故事集

日本國立科學博物館／監修

山下美樹／著　陳姵君／譯

序言

　　我認為「科學」是對人們會想問「為什麼？」、「這是怎麼回事？」的種種現象提出解答的學問。「科學」並不專屬於研究者。無論是研究者也好，兒童也罷，只要對某件事情產生疑問，抱持著探究精神多方思考、尋求解答，便可稱之為「科學」研究。

　　我的故鄉是沖繩縣的石垣島，從小就在被大自然包圍的環境下長大。也因為這樣，自孩提時代便經常接觸到各式各樣的生物，這讓我產生了許許多多的疑問，例如：為什麼蟬會大量聚集在苦楝樹上呢？螢火蟲發光的目的是什麼？為什麼小丑魚可以跟海葵一起生活？我試著思考答案，並透過書本吸收相關知識。

　　當然，並非所有的疑問都能獲得解答，不過現在回想起來，兒時的探究精神與我現在從事植物學的研究是息息相關的。這是因為，年幼時的探究心化成了讓我投入科學研究的原動力。

　　這次我們團隊所監修的《給孩子的第一本科學啟蒙故事集》的一大特點是，為了讓兒童讀者能對生物、事物、環境等主題產生親近感，透過擬人化虛構故事的方式來引發閱讀興趣。每則故事皆搭配豐富圖解，詳實地進行解說。

我經常負責為蒞臨日本國立科學博物館的親子遊客們進行植物學的導覽解說，每逢此時，孩子們對科學所產生的旺盛好奇心、探究心，總是讓我大感欽佩。有時他們有意願多加了解學習，可是卻很難找到入門方法。因此，我總是會告訴家長們：「請成為孩子們的科學老師。」

這本書的立意也與此相通。換句話說，與孩子一同閱讀故事之前，建議家長先瀏覽圖解頁預習，這樣一來，當孩子對某些主題特別感興趣時，便可詳細為其解說。如果孩子還想更加深入了解，請務必給予他們進一步學習接觸的機會。

倘若本書能成為孩子們研究「科學」的契機，將是我們莫大的榮幸。

日本國立科學博物館　國府方 吾郎（植物分類學）

目次

本書使用方法

本書介紹了25則科學小故事。每篇故事結束後皆搭配圖解頁，針對小朋友會感到好奇、想知道為什麼的部分提供解答，以加深其理解。因此，請大人先讀過圖解頁，當孩子對該篇故事主題有興趣時，再為他們解釋疑惑之處。圖解頁的「親自體驗看看！」單元則為大家介紹一些親子能夠簡單進行的實驗。

欣賞故事的趣味！

每則皆為8～10頁的短篇故事。不妨將內容唸出聲音來，親子一同享受故事的樂趣。

看圖解理解內容！

書中有些詞彙或形容對小朋友來說可能有點難懂，甚至會讓大人讀完後也覺得獲益良多，學到新知識。假如孩子看過故事後對主題感興趣，可以再進一步講解得更深入一點。

親子一起著手嘗試！

圖解頁的「親自體驗看看！」單元，為讀者準備了各種親子小活動。孩子讀完故事產生興趣，親子互動討論後再搭配「體驗」，便能讓他們牢牢吸收這些知識。

橡實 選拔賽

橡實們收到一封信。

《我們將選出森林裡最棒的橡實，

請大家踴躍報名參加。

橡實選拔賽評審委員 敬上》

「哇～那我們一起去參加吧！」

橡實們看完信後顯得很興奮。

橡實選拔賽正式開始了。

「我是打頭陣登場的1號，赤皮櫟。
長在高高的樹上是我最大的驕傲。
而且我登記第1號，所以會得第一！」
赤皮櫟自信滿滿地站在台上。

「接下來是我，登記第2號的石櫟。

我的特色是身體很長！」

石櫟得意地擺出秀肌肉的姿勢。

「我是3號天女栲，

我很好吃喲，

而且帽子也很好看對吧！」

天女栲輕巧地轉了一圈。

「我是4號，思茅櫧櫟。
我有很多夥伴喔～
提到橡實當然少不了我們！
我們可是橡實界的代表呢♪」
思茅櫧櫟露出微笑。

「讓大家久等了，我是5號麻櫟。
我也有很多夥伴，
而且這頂蓬蓬的帽子很不錯吧？」
麻櫟長著一張圓圓胖胖的臉。

橡實選拔賽，好戲還在後頭。

「大家好～我是6號青剛櫟～。
我的一大票夥伴都住在西日本喔～」

「我是7號長尾栲♪
是日本個子最嬌小的橡實。」

「我是8號沖繩白背櫟，
在日本各地的橡實中，
塊頭最大的就是我～」

所有參賽者都上台做完自我介紹，
評審們紛紛給予熱情的掌聲。
究竟哪一顆橡實會獲勝呢？

「謝謝各位參賽者！
每一顆橡實都很棒！
在場的每一位都是第1名！
接下來要頒發冠軍獎品，獎品是……」

「被我們吃掉～！哇喔——」
評審們惡狠狠地撲向橡實們。

「呀——」
「我們被騙了——」
「不要把我們吃掉啊～～」
就在這時候……

有顆長滿尖刺的小球朝評審們發動攻擊。

啾—— 啾—— 啾——！

「好痛啊啊啊！」

評審們痛得受不了，紛紛逃走！

橡實們則對著尖刺小球高喊：「萬歲！」

尖刺小球在此時忽然打開，

一顆顆的栗子蹦了出來！

「擁有尖銳利刺的我們，

才是橡實選拔賽的冠軍！」

橡實 知多少

橡實會依據種類呈現不同的大小或形狀。
有沒有哪些橡實是人類可以吃的呢？

麻櫟

思茅櫧櫟

日本的橡實

橡實屬於殼斗科植物。殼斗科包含了水青岡屬、石櫟屬、栲屬、櫟屬、栗屬，全部加起來總共有23種類別。

栲屬與石櫟屬橡實只要去澀（用熱水煮過去除澀味）就能食用，只是比較費事花時間。經過品種改良並種來當作食物的，只有栗子而已。

水青岡屬
(2種)

水青岡

栲屬
(3種)

天女栲

石櫟屬
(2種)

石櫟

栗屬
(1種)

種子就藏在這個堅硬的外殼裡！

頭（開花的部分）

脖子

肩膀

身體

肚臍

栗子

殼斗
（帽子的部分）

橡實的構造

出現於本篇故事中、愛吃橡實的動物

營養豐富的橡實，對野生動物來說是很重要的糧食來源。這次出現在本篇故事中的黑熊、山豬、狸貓、松鼠都愛吃橡實。

其他像是梅花鹿、獼猴、姬鼠等動物也很喜歡吃橡實。

正吃著橡實的日本松鼠

> 松鼠為了過冬，
> 會將橡實埋在土裡，
> 可是有時卻會忘了埋在哪裡。
> 不過也因為這樣，
> 橡實才能發芽喔！

親自體驗看看！

橡實加工樂

將撿來的橡實直接拿來加工，可能會引起長蟲的問題。請先泡水，將浮在水面的果實（被蟲蛀的不良果實）挑出。剩下的橡實則以沸騰熱水煮5～10分鐘，再放置2～3天等待乾燥就可以了。

※須用火或使用刀具的部分，請大人來做。

橡實陀螺

1 利用錐子，在橡實的「肚臍」處打洞。

2 插入牙籤，長度太長時以剪刀等工具剪短就完成了。也可以上色或在上面畫圖喔！

橡實骰子

1 在橡實身上畫畫，根據遊戲人數製作棋子。塗上清漆會更耐用！
※請選用肚臍部位平整的橡實。

2 在大紙張上畫出擲骰子用的移動格，便能開始進行遊戲。

我來跟你要點血♥

嗡～　嗡～　嗡～！

「這裡散發著好香的味道呀～」

停下來。

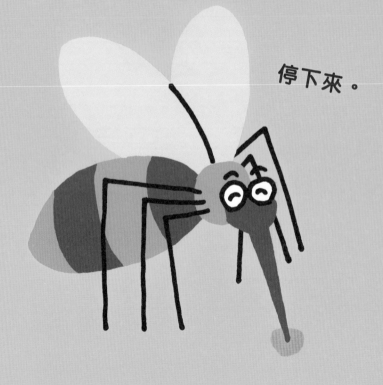

「感覺似乎很好喝♥　我開動囉～♪」
刺下去！
吸──，簌簌簌，咕嚕咕嚕。
「呼，好好喝喔～！飽到肚子變好大。」

「癢、好癢喔！你對我做了什麼!?」
「我是叮咬高手，黑斑蚊。
其實我剛剛偷偷吸了一點你的血♪」
「什麼？我被你叮了卻完全沒有感覺！」
「那是當然。因為我會釋放出『麻醉』成分，
讓你不會在被叮咬時感到痛。」

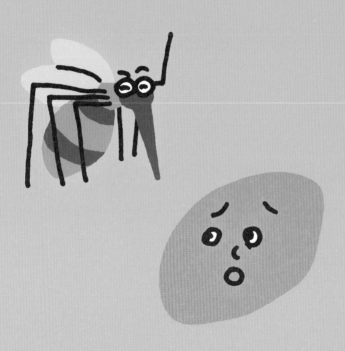

「麻醉？」
「對！我的口水具有麻醉作用。
不過這似乎是引起發癢的原因，
呵呵呵。」
「什麼？居然敢對我塗口水，好髒喔！
超癢的……而且腫得愈來愈大耶！」

「因為我必須靠血來補充營養，
才有辦法產卵嘛！
平時我只吸花蜜而已。」
「你平常不吸血的嗎？」
「是啊，都是為了產卵我才會這樣。
所以今天可不可以放我一馬？好不好嘛？」

「嗯，嗯……。反正血都被你吸了，

現在才說不行也已經太遲了……」

「那就這麼說定了♪

謝謝你的招待呀～再見囉♥」

（嘻嘻嘻，成功騙到血了！）

嗡～ 嗡～ 嗡～！

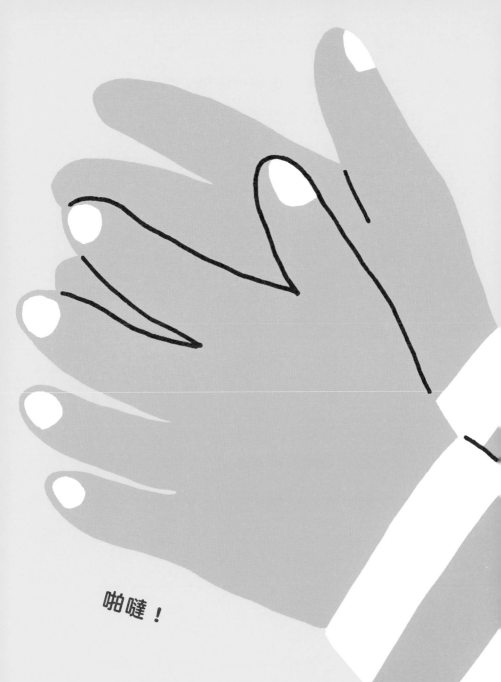

啪噠！

「竟敢咬我的孩子！」

「我太大意了～！
人類為了保護孩子，
也是很拚命的呀……」

蚊子直直往下墜……
咻～ 一動也不動了。

蚊子 知多少

被蚊子叮咬後會出現紅紅的腫包，而且很癢，為什麼會這樣呢？
真的有所謂的「容易被蚊子叮咬」的體質嗎？

被蚊子叮咬後
為什麼會癢？

母蚊為了產卵必須攝取「蛋白質」，為了獲取這個養分才會吸食動物的血液。

吸血時，母蚊會將分布在嘴巴上、長得像吸管的針刺入動物的皮膚。蚊子的口針比人類的頭髮還細，肉眼看起來似乎只有1根，其實多達6根，收納在宛如劍鞘的嘴部結構裡。

蚊子6根口針所負責的功能

切開皮膚

吸血

注入「唾液」
防止血液凝固

支撐負責吸血的口針

而會引起發癢或腫脹反應的物質，正是蚊子的「唾液」。「唾液」除了含有避免血液凝固的成分以外，還包含了減輕痛感的「麻醉」成分，能在對方毫無察覺的狀態下成功吸血。

可是，這種「唾液」對人類身體而言卻是不必要的物質。為了將這些成分趕出體外所產生的過敏反應，就會導致被叮咬的地方紅腫、發癢。

什麼人容易被蚊子叮咬？

蚊子會被汗水的味道和體溫吸引，而找到下手的目標。

那麼，為什麼有些人容易被叮咬，有些人卻不會呢？目前雖然有各種研究指出「與血型有關」、「與汗水的味道有關」等等，但尚未找出明確的原因。

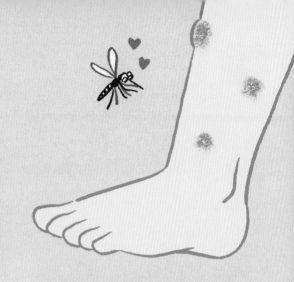

有些蚊子會傳播疾病

蚊子所帶原的病毒，有時是導致人類生病的原因。透過蚊子傳染的疾病相當多，比方說在日本就必須特別注意「日本腦炎」。為了避免被傳染，請務必做好防蚊準備。

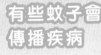

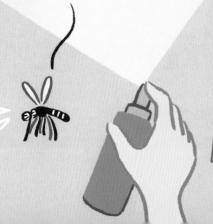

親自體驗看看！

在家裡內外進行防蚊巡視

蚊子會在有水的地方產卵，大約10天就能長為成蟲。只要有少量的水便會孳生蚊子，所以請在家中內外巡視，檢查看看有沒有蚊子喜歡的積水處。若有，請務必將積水倒掉，並且將容器移至不會被雨水淋到的地方。

此外，公蚊與母蚊平時會吸食植物的蜜露或汁液，草叢既是他們的藏身處，也是覓食的地方，因此庭院必須經常除草。

※巡視時，請穿著長袖長褲，並噴灑防蚊液，會比較安全。

會孳生蚊子的地方

生活中常見的積水處如下，是容易孳生蚊子的地方。

- 水桶、澆水壺
- 長期擺在室外的器材
- 盆栽托盤
- 雨水槽　等等

納豆為什麼會黏黏的呢？

納豆
黏踢踢保鑣

歡迎來到大豆村。

毛豆三兄弟、豆腐、味噌、

醬油、炸豆皮，

這些由大豆製成的食物們，

相親相愛地住在這裡。

守護大豆村和平的，
是擔任守門人的納豆黏踢踢保鑣。
他擁有黏糊糊的納豆菌戰力，
總是所向無敵，
每天都單槍匹馬地在村子四周巡邏。

看我的黏踢踢神功！

他將黏糊糊的細絲纏繞在樹枝上，

ㄉㄨㄞ！ ㄉㄨㄞ！

在樹木與樹木之間跳來跳去，
留意有沒有壞人入侵。

「哦，這裡的牆壁有破洞！」
黏踢踢保鑣抓起了一把稻草，
黏黏黏，轉轉轉，看我的厲害！
三兩下功夫就把破洞補得整整齊齊。
「真不愧是黏踢踢保鑣呀！果然好本事。」
村民們大為感謝。然而……

一場暴風雨襲擊了村子。

強風不斷發出呼嘯聲，

呼—— 呼——！ 咻～砰砰砰！

稻草堆成的牆壁、稻草蓋的房子，

全都壟罩在暴風之下，感覺隨時都會被吹倒。

「嘻嘻嘻，壞菌團駕到！」

邪惡勢力壞菌團偏偏選在這時候來攪局。

「啊哈哈，我們是來讓你們發霉的～」

「嘻嘻嘻，我們是來讓你們腐壞的～」

壞菌團將魔掌伸向村民們……

這下可糟了！

炸豆皮小妞有危險！

「住手～！你們會害我壞掉，別碰我～！」

「等等！儘管衝著我來！」
黏踢踢保鑣揮出黏黏掌挺身而出。
「看我的黏黏網！」
他從手中撒出黏糊糊的網子，
將壞菌團一網打盡。
納豆菌戰力可是無比強大的喔！

咻呼呼呼──！

「被～打～敗～啦～」

壞菌團在轉眼間逐漸萎縮消失。

「黏踢踢保鑣，謝謝你。你好厲害！」

看到心儀的炸豆皮小妞對自己露出笑臉，

黏踢踢保鑣顯得很害羞。

「也沒妳說的那麼厲害啦～」

哎呀呀，納豆絲都露餡撒滿地了呢！

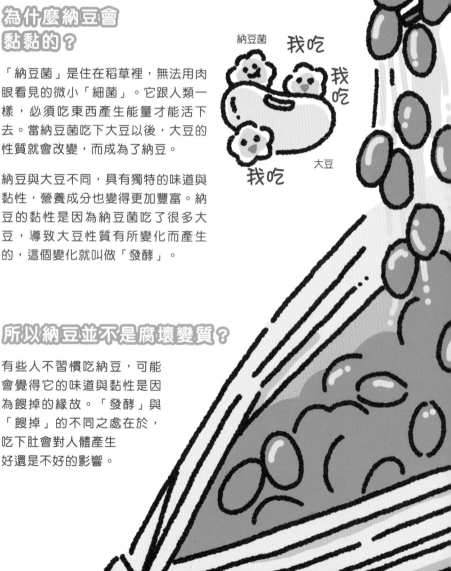

親子共學　▶ 納豆 知多少

納豆是日本自古以來習慣食用的大豆發酵食品，
它究竟是如何製成的呢？

為什麼納豆會黏黏的？

「納豆菌」是住在稻草裡，無法用肉眼看見的微小「細菌」。它跟人類一樣，必須吃東西產生能量才能活下去。當納豆菌吃下大豆以後，大豆的性質就會改變，而成為了納豆。

納豆與大豆不同，具有獨特的味道與黏性，營養成分也變得更加豐富。納豆的黏性是因為納豆菌吃了很多大豆，導致大豆性質有所變化而產生的，這個變化就叫做「發酵」。

所以納豆並不是腐壞變質？

有些人不習慣吃納豆，可能會覺得它的味道與黏性是因為餿掉的緣故。「發酵」與「餿掉」的不同之處在於，吃下肚會對人體產生好還是不好的影響。

納豆菌　我吃　我吃　我吃　大豆

納豆菌的實力有夠厲害！

納豆菌擁有強大的力量。當它進入體內時，會幫助我們掃除肚子裡的壞菌。除此之外，還能用來對付害植物生病的黴菌，因此也能當作農藥使用。

比原本的大豆更有營養

強健骨骼

改善腸道機能

親自體驗看看！

將大豆製成納豆

1. 洗乾淨的大豆先浸泡一晚。
2. 以壓力鍋蒸煮30分鐘。
3. 撒下納豆菌※1，進行攪拌。
4. 在溫度40度的環境下保溫24小時左右※2。
5. 放入冰箱中冷卻1天即大功告成。

※1 市面上有販售粉狀的納豆菌喔！
（據說從前的人是使用附著在稻草上的天然納豆菌）
※2 封上保鮮膜，戳幾個小孔，並與暖暖包一同放入保溫袋內。保溫袋封口稍微打開。

詳細作法可上網搜尋！

暖暖包

種豆真的會得豆嗎？

想吃 好多好多的 豆子～

有隻名叫豆田的猴子，非常愛吃豆子。

今天也是一口接一口，吃了一大堆毛豆。

「我還想再吃更多更多的毛豆。

說到這個……我聽說豆子其實是種子耶！」

豆田急忙衝到院子裡。

他將院子裡的土翻鬆，
並且把煮熟的毛豆撒在土壤上，
接著小心翼翼地將它們埋進土裡，
而且每天都澆很多水。
「怎麼還不快點發芽呢？」

然而，等來等去，毛豆就是不發芽。

「喂～你在做什麼啊？」

狐狸稻荷詢問豆田。

「我種了毛豆，

可是完全不發芽耶！」

豆田發出嘆息。

「當然不會發芽！毛豆是還沒長大的豆子，

等它長大以後就會變成大豆，

要種大豆才會發芽啦！」

「咦？是這樣喔！」

「稻荷，謝謝你呀！」

接著，其他動物也來找豆田。

「豆田，你在種豆嗎？」

「我也有豆子可以分你，算我一份！」

「好喔。那我們一起種豆來吃！」

大家合力將院子的土翻鬆，
並撒下許多豆子進行栽種。
1週過後……

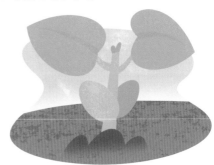

豆子開始發芽了。

葉子長出來。

莖長高，葉子也變多。
藤蔓不停伸長，出現小豆子了。
哦，葉子根部還有花苞呢！

42

等到終於開花，

花兒凋謝後，

小小的豆筴
開始探出頭來。

最後成長為飽滿的豆筴。

有毛豆、蠶豆、豌豆、四季豆。

「可以做很多豆子料理喔！」

大家分工合作摘下豆筴……。

鏘～鏘！
今天是豆豆派對！
大家一起說：
「開動！」

每道菜熱騰騰又香噴噴，

一口接一口，真滿足。

「自己種的就是好吃！」

滿桌的豆豆料理，讓大家吃得好飽。

豆類 知多少

豆類不光可以直接煮來吃，還能做成各式各樣的加工品，
在我們的餐桌上時常可以看到它們，是大家相當熟悉的食物。

種豆真的會得豆嗎？

豌豆

毛豆

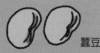

四季豆

蠶豆

毛豆、蠶豆、豌豆、四季豆等色澤鮮豔的綠色豆類，其實是未成熟（還沒長大）的豆子。豆子相當於植物的種子，可是，種下未成熟的綠色豆類是不會發芽的。偶爾會出現發芽的情況，但無法再有更進一步的成長。

同樣是豆類，市面上也售有淡黃色的大豆與暗紅色的紅豆，這種用來熬煮且質地堅硬的類型，就是已經成熟（已經長大）的豆子，栽種後便會發芽。而「節分撒豆」※所使用的大豆已被炒過，所以不會發芽。

※日本把2月3日稱為「節分」，是相當於「立春」的節日，人們會在這天舉行驅鬼招福的「撒豆」儀式。

毛豆與大豆是同一種豆類。假如讓毛豆持續在田裡成熟的話，就會變成乾乾硬硬的大豆喔！

親自體驗看看！

種豆芽菜

讓豆子在陰暗處發芽，就能種出豆芽菜。不妨試著利用各種豆類來栽培豆芽菜食用。請在園藝店選購標示為「種豆芽菜專用」的豆子，或使用熬煮用的豆類，例如大豆、紅豆等來嘗試看看。

1

準備廣口瓶，並澆淋熱水消毒。

2

將豆子放入瀝水盆清洗，以湯匙將洗好的豆子放入廣口瓶直到蓋住瓶底。

大豆加工食品種類多多！

在豆類當中，就屬大豆含有最多的「蛋白質」，這是形成血液、肌肉與骨骼的營養成分。營養豐富的大豆被加工製成各種食品，供人們食用。

榨汁

豆漿

磨粉

黃豆粉

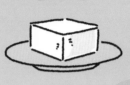

凝固

豆腐

納豆作法
請參考
➡37頁

豆腐經過油炸製成的喔！

油炸

油豆腐、炸豆皮

發酵

味噌、醬油、納豆

3

以橡皮筋固定

倒入約豆子3倍量的自來水，瓶口以紗布覆蓋。將瓶子放入箱內，避免接觸到光線，並在20～25度左右的環境裡放置5～8小時。

4

隔天，在覆蓋著紗布的狀態下將水倒掉，再隔著紗布反覆水洗，直到水不混濁為止。確實瀝乾水分後再放回箱內。此步驟一天需進行3次以上。

5

大概1週左右就能收成。在還沒長出葉子前就應取出食用。

※過2～3天，等豆子外皮裂開後，請利用竹籤等挑出浮在水面的外皮，以免腐爛。

奇妙的 恐龍 博物館

龍登與爸爸一起來到恐龍博物館。

他還隨身帶著三角龍玩偶盾盾。

「哇～有好多恐龍喔！」

龍登一會兒跑到樓梯上往下觀望恐龍、

一會兒從展示圍欄湊近欣賞恐龍，

整個人看得十分入迷。

劍龍

三角龍

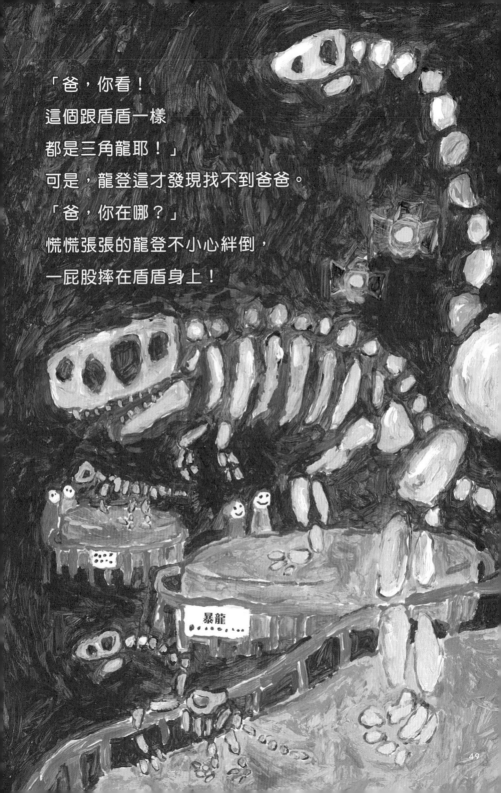

「爸，你看！
這個跟盾盾一樣
都是三角龍耶！」
可是，龍登這才發現找不到爸爸。
「爸，你在哪？」
慌慌張張的龍登不小心絆倒，
一屁股摔在盾盾身上！

暴龍

「好痛喔！」

龍登站起來後，發現自己身在一個樹木與草叢都

無比茂密的不同世界裡！

而且，有個東西來到他的面前……

「是真的三角龍耶！」

「你的脖子上纏著一條很奇怪的草，

我幫你拿掉。」

三角龍噗滋一聲把草咬斷。

「謝謝你。」

只見一條綠色的緞帶輕飄飄地落下。

「這是盾盾的緞帶耶！

嗯？咦!? 我居然變身成三角龍!!」

「原來我來到恐龍的世界啦！」
環顧四周，
有在空中滑翔的恐龍、
正在吃草的恐龍、
還有忙著孵蛋的恐龍。

「哇～這些全都是在博物館看過的恐龍……
這麼說來，
暴龍應該就在某個地方！
得趕緊逃跑！」
正好就在這個時候……

53

轟轟轟⋯⋯
暴龍發出低沉的咆哮聲，
從矮樹叢中跳了出來。
「這隻小恐龍我吃定了！」
「啊？是在說我嗎!？」
龍登實在太害怕，
嚇得腿都軟了。

喀～鏘！
三角龍用頭角擋住了暴龍的攻擊。
「快逃！」
「好、好的。」

可是，
龍登因為慌張，
腳步不穩，
又再次摔了一大跤。

「龍登！你沒事吧？」
爸爸一把將龍登扶起來。
「爸爸！我差點就被暴龍吃掉了！」

三角龍與
暴龍

「咦？你在胡說什麼呀～龍登？」

環顧四周，

又變回原本的恐龍博物館。

「好奇怪喔……」

龍登撿起了盾盾，

與爸爸一起離開展示廳。

迷惑龍　　　　　　葬火龍

可是，說也奇怪。

館內所展示的恐龍們，

好像有哪裡跟剛才不太一樣？

恐龍知多少

隨著恐龍研究不斷有所突破、進展，關於恐龍的知識也已經與父母親在孩提時代所接觸到的大不相同。究竟有哪些改變呢？

恐龍至今仍然活著!?

距今約2億3000萬年前至6600萬年前，是恐龍存活於地球的期間，他們屬於爬蟲類。20世紀時，人們對恐龍的印象不外乎「皮膚類似蜥蜴的可怕生物」。

然而，隨著接連發現留存著恐龍羽毛痕跡的化石，以及仍保有恐龍皮膚的木乃伊化石，恐龍研究有了大幅度的進展。現在已知具有羽毛和翅膀、會「育兒」，生活型態接近鳥類的恐龍其實並不少。

部分恐龍已經滅絕，部分物種則持續演化，成為現在的「鳥類」。因此，鳥類可說是「活恐龍」。

出現於本篇故事中的恐龍們

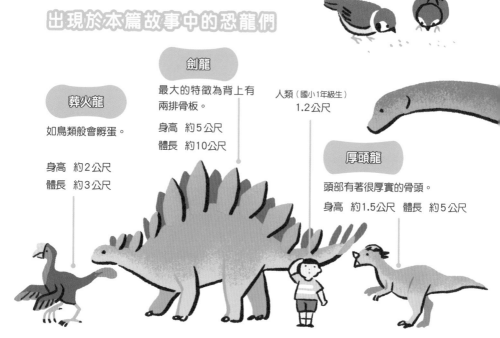

劍龍

最大的特徵為背上有兩排骨板。

身高　約5公尺
體長　約10公尺

葬火龍

如鳥類般會孵蛋。

身高　約2公尺
體長　約3公尺

人類（國小1年級生）
1.2公尺

厚頭龍

頭部有著很厚實的骨頭。

身高　約1.5公尺　體長　約5公尺

親自體驗看看！

前往博物館看恐龍去

自1978年在日本首度發現恐龍化石以來，至今已有1道18縣※挖到了恐龍化石。舉凡恐龍骨架、化石、恐龍機器人等，日本全國各地都有展示恐龍的博物館，大家不妨前往博物館多加了解恐龍一番。

因距離太遠而無法前往博物館的讀者，也可以到圖書館看看恐龍圖鑑。借閱幾本不同出版年分的圖鑑便可發現，即使是同樣的恐龍，也會隨著出版年代不同而呈現不同的外觀，相當有趣。

日本國立科學博物館

東京都台東區
上野公園7-20

常設展「地球環境的變遷與生物的演化——探索恐龍之謎——」（位於地球館地下1樓）。

福井縣立恐龍博物館

福井縣勝山市
村岡町寺尾51-11

設立於恐龍化石重鎮——福井縣勝山市，是日本最大規模的恐龍博物館之一。

※北海道、岩手縣、福島縣、群馬縣、富山縣、石川縣、福井縣、長野縣、岐阜縣、三重縣、兵庫縣、和歌山縣、山口縣、德島縣、香川縣、福岡縣、長崎縣、熊本縣、鹿兒島縣

迷惑龍

脖子很長的大型植食性恐龍。

身高　約6公尺
體長　約21公尺

三角龍

最大的特徵為巨大的頭角與頸盾。

身高　約3公尺
體長　約8公尺

暴龍

體型最大、最凶猛的肉食恐龍之一。

身高　約5～6公尺
體長　約13公尺

小盜龍

體型很小，外形像鳥類。

身高　約0.5公尺
體長　約1公尺

便便會到哪裡去？

便便哥 的
冒險

蠕動～滑滑，

咚隆！

阿大排出來的便便

掉進馬桶裡了。

「哇～我來到外面了耶！」

突然間，衝出一股水流，

將便便哥吸了進去。

「便便，掰掰！」

他最後聽到阿大道別的聲音。

「冒險之旅即將展開囉！」

便便哥滑過漆黑的隧道後，
來到一條寬廣的隧道中。
「哇～這裡是哪裡呀？」
「這裡是『下水道』喔！」

回答他的是跟著雨水從外面
一起被沖進來的葉片弟。
會流進下水道裡的東西，
看來似乎並不只有便便而已。
就在這時候……

「鑽啊鑽，游啊游，

我要堵住這地方，把你們通通抓起來！」

一陣詭異的聲音響徹隧道。

「你、你是誰？」

「我是油！從廚房被沖進這裡我超不甘心的，

所以我要報仇、堵住隧道！

而且還要把你抓起來！」

「我不要！」

便便哥噗通一聲迅速潛入水裡，成功脫逃。

唰—— 唰—— 唰——！

穿過柵欄後，葉片弟被機器不斷往上推。

似乎就要在這裡分開了。

「便便哥，掰掰～」

「掰～掰！」

便便哥接著來到一座巨型水池裡。

「這裡好大、好舒服喔！噗咕噗咕噗咕。」

他身上的髒汙愈來愈淡，逐漸消失。

「身體變得好輕喔！」

接下來，第二座水池已出現在眼前。

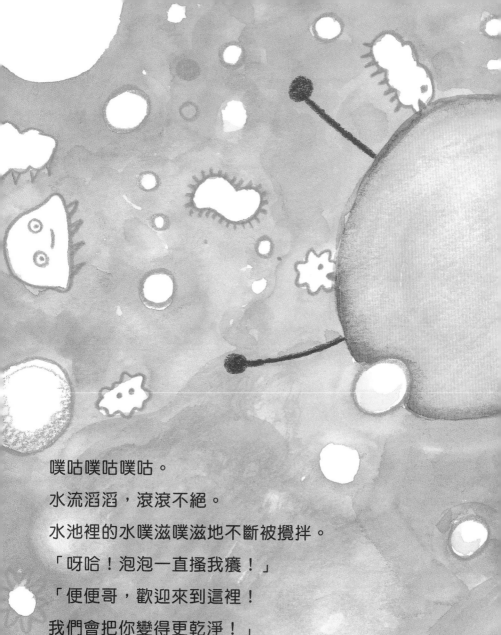

噗咕噗咕噗咕。

水流滔滔，滾滾不絕。

水池裡的水噗滋噗滋地不斷被攪拌。

「呀哈！泡泡一直搔我癢！」

「便便哥，歡迎來到這裡！

我們會把你變得更乾淨！」

仔細一瞧，

有個小小的生物不斷地蠕動。

「你是誰？」

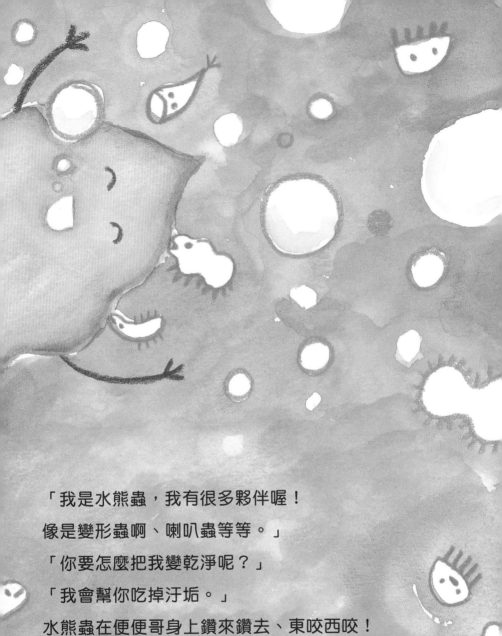

「我是水熊蟲，我有很多夥伴喔！
像是變形蟲啊、喇叭蟲等等。」
「你要怎麼把我變乾淨呢？」
「我會幫你吃掉汙垢。」
水熊蟲在便便哥身上鑽來鑽去、東咬西咬！
「呀哈！好癢喔！噗呼呼，哈哈哈！」
就在他扭動著身體時……

抵達了下一座水池。

這座淡黃色、水質清澈的水池相當安靜。

「吃得好飽喔！謝謝你的招待～」

跟著便便哥來到這裡的水熊蟲們，

消失在水池的某處。

「咦？我在不知不覺間變透明了耶！」

便便哥覺得很訝異。

「因為你已經不再是便便了啊！」

從某個地方傳來這個聲音。

「你是誰？我已經不是便便了嗎？」

「我們是水。

你已經洗去髒汙，也變成乾淨的水囉～

因為便便幾乎都是由水形成的。」

「咦？我的身體幾乎都是水做的？

我自己都不知道呢！」

便便哥試著用力伸展一下，

沒想到身體似乎可以不斷地往外延伸。

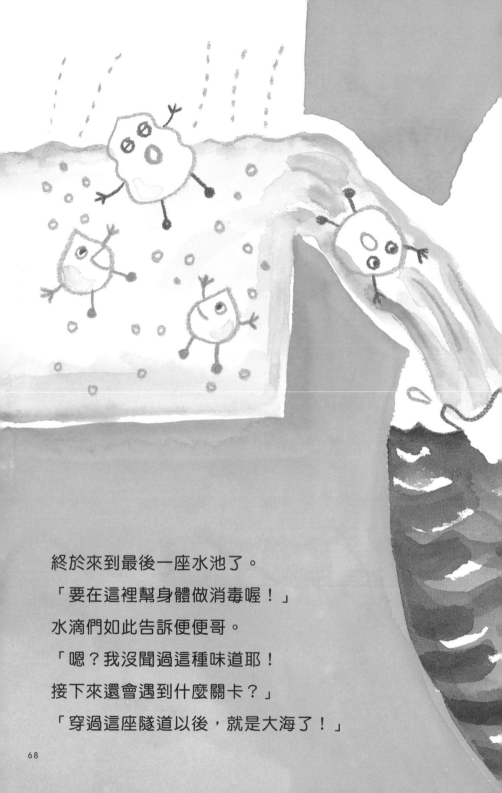

終於來到最後一座水池了。
「要在這裡幫身體做消毒喔！」
水滴們如此告訴便便哥。
「嗯？我沒聞過這種味道耶！
接下來還會遇到什麼關卡？」
「穿過這座隧道以後，就是大海了！」

嘩啦嘩啦！

變成乾淨水滴的便便哥，

來到無邊無際、十分遼闊的大海。

「哇～好舒服喔！

我的冒險之旅還沒結束，才正要開始呢！

大家再見，我走啦！」

便便去向
知多少

被馬桶沖掉的便便，會被帶往汙水處理廠。
便便的髒汙是如何被分解的呢？

廁所

從廁所來到汙水處理廠

從廁所排出來的便便與尿液，會經由家中的排水管流到下水道管。而下水道管在途中又會與更粗的下水道管連接，之後排泄物會和雨水一起被送往「汙水處理廠」。這段路程非常遙遠，因此在過程中會利用幫浦來協助抽水。

管路為坡道狀，水會在裡面流動喔！

排水管
位於每間屋子地下的細窄管路。

下水道管
埋在道路底下的粗管。

抽水站
利用幫浦抽水的地方。

好便便・壞便便

好便便大概有80％是水分，其餘則由食物殘渣、腸壁所剝落的細胞，以及腸道細菌組成。

好便便

香蕉狀
水分約佔80％
呈土黃色。均衡攝取蔬菜、米飯、肉類的人所排出的便便。

硬粒狀

水分約佔60％
呈深褐色。蔬菜吃得不夠多，或水分不足的人，會排出這樣的便便。

細長狀

水分約佔85％
呈深褐色。運動不足、腹部肌肉過少的人，會排出這樣的便便。

水狀

水分約佔90％
沒有固定的顏色。腸胃不適的人會排出這樣的便便。疾病可能是原因之一。

汙水處理廠的運作

在汙水處理廠會透過幾道程序將髒水變成乾淨的水。首先，除去較大的雜質或成團的髒汙，再借助「微生物」的力量分解汙垢，轉化成潔淨的水。最後使用藥劑進行消毒，將水排放至河川或大海。

沉澱於沉澱池的汙垢，會被除去水分，進行燃燒。燃燒後所產生的灰，有部分會被回收，當作水泥的原料。

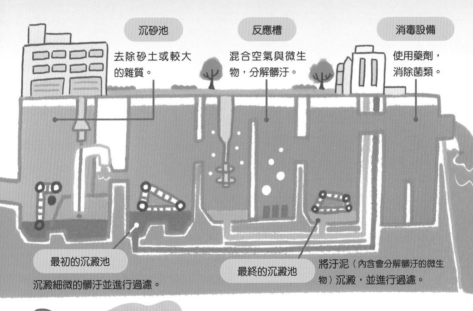

沉砂池
去除砂土或較大的雜質。

反應槽
混合空氣與微生物，分解髒汙。

消毒設備
使用藥劑，消除菌類。

最初的沉澱池
沉澱細微的髒汙並進行過濾。

最終的沉澱池

將汙泥（內含會分解髒汙的微生物）沉澱，並進行過濾。

親自體驗看看！

參觀汙水處理廠

有些汙水處理廠會對外開放參觀，不妨實際走訪看看。像在日本，以下水道為主題的體驗型設施「東京都彩虹下水道館」，就很值得推薦。

「東京都彩虹下水道館」
門票：免費／開館時間：9點30分～16點30分※
休館日：週一・年末年初／電話：03-5564-2458

動物的尾巴有什麼作用呢？

有人的尾巴被我找到囉！

大家來玩捉迷藏，

被摸到的人就得當鬼！

第一位當鬼的是獵豹。

「一…… 二…… 三…… 四……」

「都躲好了嗎？」

「都躲好了！」
獵豹飛快地衝了出來，
用力搖著尾巴，東找找，西找找！

咦？水畔邊隱約看見一條尾巴。

「有人的尾巴被我找到囉！」

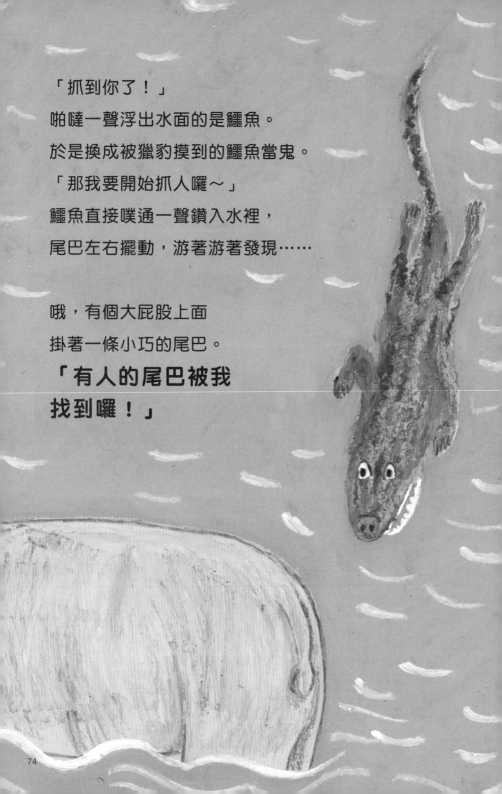

「抓到你了！」

啪噠一聲浮出水面的是鱷魚。

於是換成被獵豹摸到的鱷魚當鬼。

「那我要開始抓人囉～」

鱷魚直接噗通一聲鑽入水裡，

尾巴左右擺動，游著游著發現……

哦，有個大屁股上面

掛著一條小巧的尾巴。

「有人的尾巴被我

找到囉！」

「哇！有人入侵！」

站起身、激起一陣水花的是河馬，

他的尾巴不斷地轉呀轉，

便便嘩啦嘩啦洩了一地！

「喂！別這樣──！」

「怕了吧！敢踏入我的地盤，下場就是這樣！」

「威脅也沒用，換你當鬼啦～河馬！」

於是鬼又換人當。

「嘖。」

不情不願地從水面上岸的河馬，

咚地一聲撞著附近的樹幹出氣。

沒想到……

「嗚哇！」

有個東西從樹上筆直地掉了下來。

「有人的尾巴被我找到囉！」

「被發現了！」

從樹下忙著站起身的是猴子。

他被河馬捉個正著，所以換他當鬼。

「好，看我的！」

猴子爬上樹，將尾巴纏繞在樹枝上，

往四面八方搜尋一番。

「啊，好像有人在岩石區那裡動來動去！」

猴子身手矯健地來到岩石區，

躡手躡腳、不動聲色地靠近，接著大喊：

「有人的尾巴被我找到囉！」

「呀——！我被攻擊了！」

相當恐慌而且反應很大的是蜥蜴。

噗滋！

他自己弄斷尾巴，逃之夭夭。

斷掉的尾巴還活跳跳地扭來扭去呢！

猴子這下可著急了。

「我不是要攻擊你啦！這是在玩捉迷藏嘛——！」

「啊，對喔！」

蜥蜴一臉難為情地回到原地。

「都怪我不好，害你的尾巴斷掉……」
猴子一副快哭出來的樣子。
不過蜥蜴卻抬頭挺胸神氣地說：
「我的尾巴啊，只要攝取營養、好好休息，
就能再長回來喔～」
「真的嗎？蜥蜴，你真厲害！」

咦？捉迷藏在不知不覺間，
怎麼變成炫耀尾巴大會了呢？

尾巴知多少

動物的尾巴具有什麼樣的作用呢？
為什麼人類沒有尾巴？

為什麼動物會有尾巴？

具有「脊椎」的動物，都是從長著
「尾鰭」以便游泳的「魚（魚類）」
演化而來。動物身上的尾巴，正是
從魚的尾鰭演變來的。

住在陸地的動物們，發展出有別於
游泳時的尾巴使用方法。其中有些
動物甚至不再需要尾巴，這類型的
動物若不是尾巴變得短小，不然就
是沒有尾巴。

尾鰭

沒有尾巴的動物

● 無尾熊   ● 大猩猩
● 天竺鼠   ● 青蛙

本篇故事中所出現的動物尾巴與作用

獵豹

奔跑時透過揮動尾巴保持平衡，
如此就能在不減速的情況下
改變方向。

猴子

用尾巴纏住樹枝，好讓
身體能吊掛在樹上。

※會利用尾巴懸掛身體的
只限蜘蛛猴類。

用來纏住樹枝的部位沒
有毛髮分布，不會打滑。

鱷魚

游泳時會左右擺動尾巴。

人類也有尾巴的「痕跡」

我們人類身上沒有尾巴，但有一塊名為「尾骶骨」的骨頭，相當於尾巴的演化痕跡。

此外，在母親肚子裡的胎兒，初期其實是有尾巴的。只是隨著成長會逐漸變短，到了第9週左右時就完全不見了。

懷孕第5週時的人類胎兒

脊椎

尾巴

親自體驗看看！

去動物園觀察尾巴

前往動物園，試著尋找沒有尾巴的動物吧！另外，也觀察一下有尾巴的動物是如何使用尾巴的。

你能找到幾種沒有尾巴的動物？能發現幾種尾巴的作用呢？

關於尾巴作用的小提示

● 驅趕蟲類　　● 當作毛毯
● 支撐身體　　● 向同伴打暗號

方便斷尾的骨骼結構。重新長出來的部分是由軟骨形成。

重新長出來的部分

蜥蜴

能弄斷尾巴作為幌子，保護自己逃離敵人的攻擊。

河馬

利用尾巴噴射糞便，劃下地盤。

為什麼會流眼淚呢？

眼淚戰士
保衛特攻隊

我們是你的眼淚來源，

眼淚戰士 保衛特攻隊！

防禦！　　　**攻擊！**　　　**修復！**

為了守護眼睛的健康，不分春夏秋冬，

早晨中午晚上一刻不停歇，每天都在對抗壞傢伙。

我叫防禦力！

當眼睛太乾時，

就會感到痠痛、看不清楚。

而且容易附著灰塵或壞菌。

因此……

保衛特攻隊 啟動防禦力！

滋潤滋潤～ 水亮水亮～ 水水亮亮～

我會施展眼淚防禦力，隨時保護眼睛的健康。

啾—— 呼啾啾——！

哇～這風好強啊！

「我戳我戳我戳戳戳，我要在眼睛上搞破壞～」

不好了！刺刺的沙子飛進眼睛裡了。

這時只靠我一個人的防禦力是不夠的。

攻擊力，幫幫我吧！

讓你久等了，防禦力。接下來看我的！
我會把入侵眼睛的沙子通通踢出去。

保衛特攻隊 啟動攻擊力！

喝呀呀　砰隆隆隆隆——！

「哎唷喂，我們被趕出來啦～」

厲害吧！我們制伏了刺刺的沙子，
保護了妳的眼睛。

妳說什麼？
「一直流眼淚，害我看不清楚前面。」
這樣啊？
不好意思喔！
為了趕走沙子，
必須出動大量的淚水嘛！

啊，好危險！

噗——噹！

糟了，主人因為看不清楚前面而摔了一跤。
「好痛喔……」
一定很痛的呀！
「哎呀，被我弄髒了……」
這是主人很喜歡的衣服！！

「哈～哈～哈～ 我要讓妳整顆心七上八下～」

「嘿～嘿～嘿～ 我要讓妳的心情亂成一團～」

可惡，壓力荷爾蒙來攪局了！

這種時候，就輪到修復力上場！

好，看我的！讓我把壓力通通沖走。

保衛特攻隊 啟動修復力！

「嗚…嗚…嗚……哇～！」

淅瀝嘩啦淅瀝嘩啦！滴滴答答滴滴答答！

「呃啊～ 我被眼淚沖走啦～」

有沒有覺得痛快多了？

想哭的時候，就該盡情地哭出來喔！

保衛特攻隊永遠與你同在！

我們會隨時守護你的！

眼淚 知多少

如同本篇故事所介紹般，眼淚可分為3種類型。
接下來一起了解眼淚的種類，以及眼淚是如何產生的吧！

眼淚的種類與作用

大家是否認為眼睛所流出來的淚水都是一樣的呢？其實，眼淚可大致分為3種類型，而且每個種類各有不同的作用。

保護眼睛的淚水

時刻維護眼球表面的滋潤，保護眼睛阻擋灰塵或細菌入侵，並含有消滅細菌的成分。「眨眼」就是為了避免這類型的淚液乾涸。

受到刺激時的淚水

接觸到沙子、花粉、洋蔥等辛辣成分時，就會分泌淚液沖刷掉這些干擾身體的物質。

感到悲傷時的淚水

因悲傷、高興等原因而情緒高漲時，就會分泌這種淚液，將壓力物質沖走。釋放這種眼淚之後，心情就會變得比較輕鬆。

眼淚是在哪裡形成的呢？

眼淚是在上眼瞼內側名為「淚腺」的地方，以血液為原料所產生的。血液中的幾種成分會被過濾掉而變成透明的，再加上防止水分在空氣中揮發的「油脂」，以及讓水分停留在眼睛的「黏稠成分」後，便形成了眼淚。

淚腺所製造的眼淚，會布滿眼球一點一滴地流出。淚水滋潤完眼睛以後，會從與鼻子相連的「淚點」這個小孔，回到身體裡面。

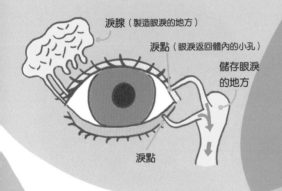

淚腺（製造眼淚的地方）

淚點（眼淚返回體內的小孔）

儲存眼淚的地方

淚點

哭泣時流出的鼻水也是眼淚!?

情緒激動時分泌的淚水，量是相當多的，因此眼淚會從儲存處滿溢而出。這個儲存處位於鼻子後方，所以也會從鼻子流出。哭泣時流出的鼻水，真面目其實是淚腺所製造的眼淚。

親自體驗看看！

觀察自己的「淚點」

我們看不見製造眼淚的淚腺，但能看見眼淚回到體內的入口，也就是淚點。眼頭上下各有一個小孔，照鏡子時稍微扳開眼瞼就能立刻發現。

※請務必以肥皂仔細洗手後，與大人一起進行喔！

鏡子

魚兒在水裡不會覺得難受嗎？

好想跟金魚當 **好朋友** 喔！

小美在廟會攤位撈到一隻金魚。

這隻金魚長得紅紅的，游動時輕飄飄的，

實在很可愛。

一直盯著金魚瞧個不停的小美，

發現牠的嘴巴不停地一張一合。

「你很難受嗎？

那我來幫你離開水裡！」

小美將手伸進金魚缸裡，

把金魚撈了出來。

沒想到金魚卻不斷地跳動，

從小美手上滑了下來！

接著一直抽動，好像比在水裡還要痛苦。

「怎麼辦！？」

小美慌張地捧起金魚，

迅速將牠放回水裡。

看見金魚開始

輕飄飄地游動後，

小美才終於

鬆了一口氣。

「金魚，對不起喔！我還以為你的嘴巴一直在動
是因為不舒服的關係。」
淚水從小美的眼睛不停滑落，
噗通、啪噠地掉入魚缸裡。

沒想到，金魚缸突然
咻哇～噗呤噗呤地開始閃閃發光。
「小美，妳過來。」
小美聽見一個聲音。
「金魚，是你在跟我說話嗎？」

小美將臉湊近金魚缸查看，
頓時覺得彷彿天旋地轉般⋯⋯
「咦，這裡是哪裡!?」
小美說著這句話時嘴巴不斷冒出泡泡，
嚇得她趕緊閉氣，暫停呼吸。

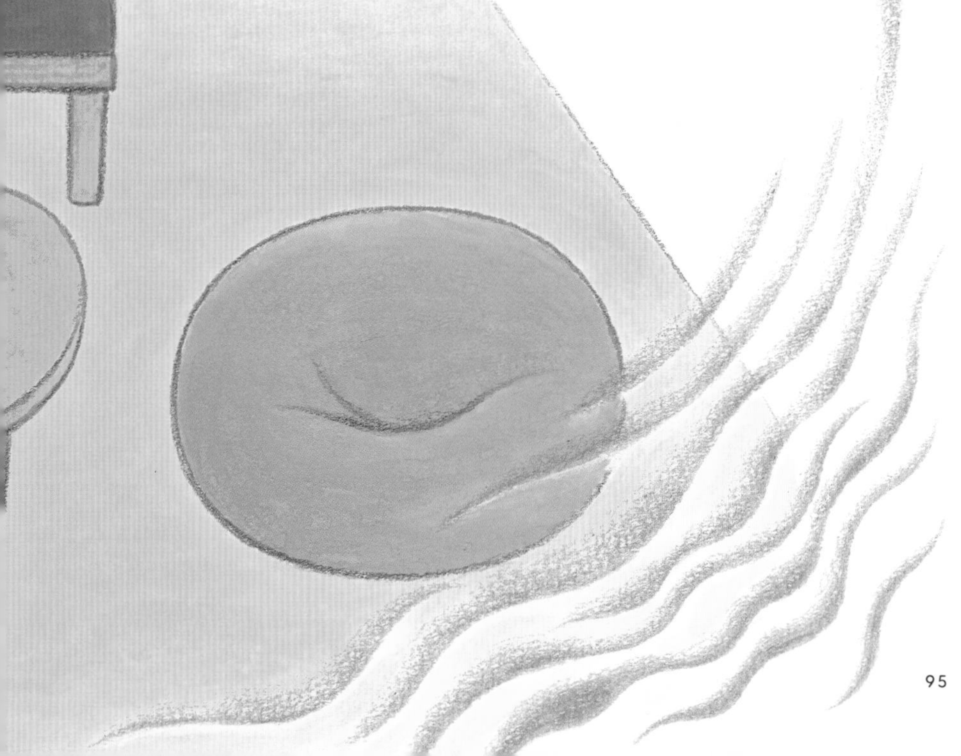

「別怕呀～小美！」

轉頭一看，是金魚在說話。

不過，牠看起來比剛剛大很多。

「小美，妳也變成金魚囉！

試著喝一口水，再從鰓排出來看看。

鰓的位置在這裡，就在耳朵旁邊。」

小美放膽吸了一口水。

……咕嚕！

身體頓時變得很輕鬆。

游起來毫不費力，好舒服。

「一點都不難受耶！明明在游泳池被水嗆到

都很痛苦的，真的好神奇喔！」

「我覺得能吸空氣才神奇呢！」

金魚冒著泡泡笑笑地說。

「剛才把你從水裡撈出來，

真的很對不起。」

「不要緊，妳馬上就把我放回去啦～」

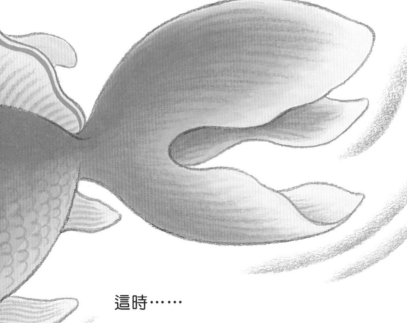

這時……

「小美～妳在哪？吃點心囉～」

噢噢，媽媽似乎在找小美。

「小美，在妳離開之前，

有件事想拜託妳。我想有自己的名字，

這樣妳叫我的時候，我就能做出回應！」

「你在水中輕飄飄的樣子很漂亮，

不然就叫你輕輕？」

「真好聽！」

輕輕擺動著魚鰭，顯得很開心。

「小美，以後請跟我當好朋友喔！」

輕輕對著小美吐出一串泡泡後……

小美在不知不覺間變回原本的模樣。

「咦？小美，原來妳在這裡啊！

我剛才好像看到有兩隻金魚耶！

但妳只養了一隻吧？」

媽媽用力眨了幾下眼睛。

「媽，跟妳說喔～這隻金魚叫做輕輕！」

小美話一說完，輕輕便游了過來，

優雅地擺動魚鰭。

「牠好像聽得懂耶！看來妳們是好朋友囉～」

「對啊！」

小美忍不住開心地抱住媽媽。

魚兒知多少

在水中生活的魚類，呼吸方式與我們人類大不相同。
牠們究竟是如何呼吸的呢？

人類與魚類的呼吸方式大不同

人類的呼吸方式

人類無法在水中呼吸，這是因為人類是「用肺呼吸」的緣故。我們需要「氧氣」才能存活，並透過鼻子與嘴巴將氧氣吸到位於胸腔的「肺」裡。

當我們大口吸氣時，胸部就會隆起，這就是空氣進入「肺」的證據。觀察正在睡覺的人，也能看見胸部上下起伏的現象。

魚類的呼吸方式

魚類「用鰓呼吸」。魚類會從嘴巴吸水，讓水中的「氧氣」滲透進鰓裡後，再從「鰓蓋」後方將水排出。魚的嘴巴一張一合、鰓蓋開開關關，就是正在呼吸的證明。

水中的「氧氣」含量比空氣中少，所以魚會透過鰓來獲取大量的「氧氣」。

用肺呼吸

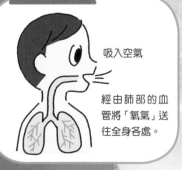

吸入空氣

經由肺部的血管將「氧氣」送往全身各處。

用鰓呼吸

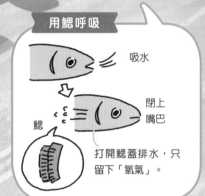

吸水

閉上嘴巴

鰓

打開鰓蓋排水，只留下「氧氣」。

為什麼會在水面附近嘴巴一張一合的？

當水中的「氧氣」不足時，魚就會來到水面附近，嘴巴不停地開開合合。這並不是在吸空氣，而是因為最貼近水面的地方是「氧氣」溶解最多的地方，因此牠們會利用這裡的水來進行呼吸。

開合　　開合

親自體驗看看！

觀察魚鰓

大家可前往水族館觀察魚鰓看看。相當於我們人類耳朵的位置、不斷開開關關的地方就是鰓蓋，從鰓蓋可以看見紅色的魚鰓。究竟哪一種魚的鰓蓋動得最厲害呢？

被稱為「洄游魚」類的魚兒當中，有些魚的鰓蓋幾乎是一動也不動的。這是因為牠們不停地游動，一直有水進入魚鰓的緣故。一旦停止游動時，便無法維持足夠的呼吸量，最後就會導致死亡。

不一直游動就會死亡的魚類

● 鮪魚　　● 鰹魚　　● 旗魚 等

瓢蟲過著什麼樣的生活？

瓢蟲 七星班

這裡是瓢蟲學校。

「歡迎來到七星班。

大家今天都剛從蛹蛻變成瓢蟲呢！」

「對啊——！」

「接下來我會帶領大家學習

七星瓢蟲的生活方式。」

「好——！」

「首先，請跟隔壁的同學搭檔，

互相數一下背後的黑點數量。

……是不是有7個呢？」

「有——！」

「呃……我、我的黑點不到7個。」

噢噢，有個小朋友看起來很難為情。

「你是異色瓢蟲喔！你的班級在隔壁。」

「好丟臉喔～我跑錯班了！」

異色瓢蟲急急忙忙地跑向隔壁班。

「那我們就開始上課囉～

首先教大家飛行的方法。

啪地一聲打開前翅，再把後翅展開！」

每個小朋友同時做出打開前翅、伸展後翅的動作。

「接下來，迅速拍動後翅！」

嗡嗡嗡嗡嗡嗡嗡！

「哇嗚～身體浮在空中了耶！」

「我也是！」

瓢蟲們顯得非常開心。

「再來要教大家大量捕捉蚜蟲的訣竅。」

「老師，在我們還是幼蟲時就吃過蚜蟲了喔！」

小朋友們自信滿滿地回應。

「這個我知道。

不過啊，大家曉不曉得蚜蟲喜歡什麼草呢？」

「嗯……不曉得。」

「飛行需要很多的養分，

請大家記下這些蚜蟲喜歡的草類。

來，跟著我念：

野薔薇、救荒野豌豆、珍珠繡線菊！」

「野薔薇、救荒野豌豆、珍珠繡線菊！」

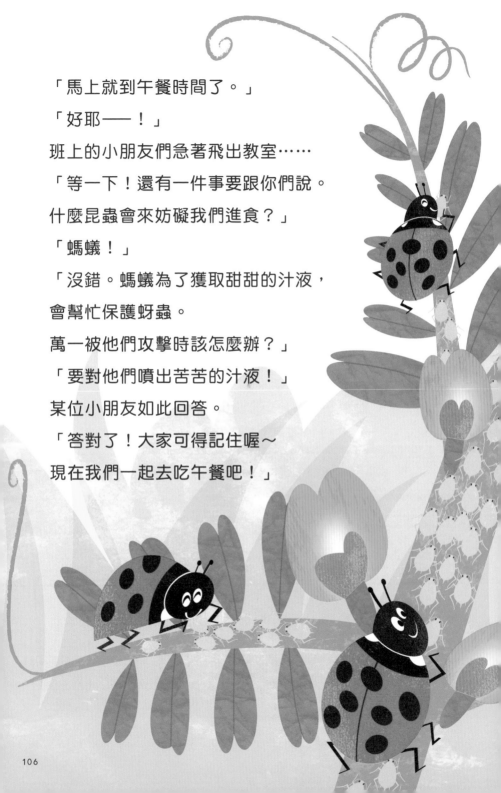

「馬上就到午餐時間了。」

「好耶──！」

班上的小朋友們急著飛出教室……

「等一下！還有一件事要跟你們說。

什麼昆蟲會來妨礙我們進食？」

「螞蟻！」

「沒錯。螞蟻為了獲取甜甜的汁液，

會幫忙保護蚜蟲。

萬一被他們攻擊時該怎麼辦？」

「要對他們噴出苦苦的汁液！」

某位小朋友如此回答。

「答對了！大家可得記住喔～

現在我們一起去吃午餐吧！」

老師剛才在課堂上教的草類，
果然爬滿了蚜蟲！

「哇——！多到可以吃到飽耶！」

「休想把蚜蟲搶走！」

螞蟻們半路攔截。

雙方人馬大眼瞪小眼，互不相讓。

瓢蟲七星班與螞蟻兵團即將開戰。

「螞蟻們，出擊——！」

「瓢蟲們，預備——發射！」

面對來勢洶洶的螞蟻兵團，

瓢蟲們噴出黃色汁液對抗！

「呸呸，好苦啊！」

「這也太苦了吧～！」

螞蟻們跌跌撞撞地逃走了。

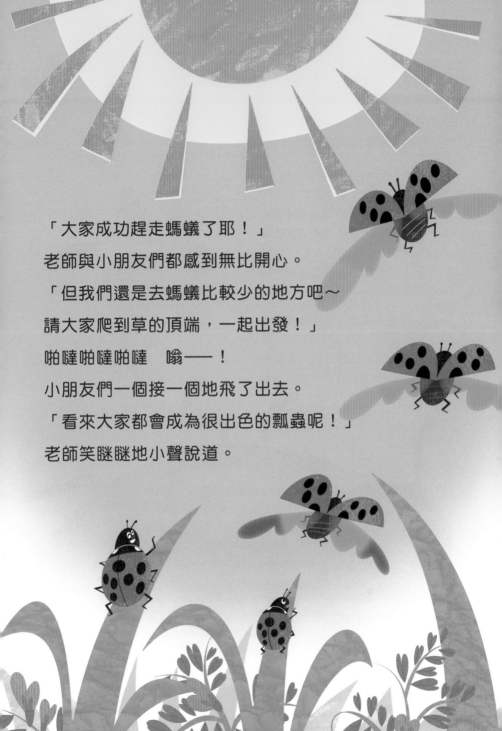

「大家成功趕走螞蟻了耶！」

老師與小朋友們都感到無比開心。

「但我們還是去螞蟻比較少的地方吧～

請大家爬到草的頂端，一起出發！」

啪噠啪噠啪噠　嗡──！

小朋友們一個接一個地飛了出去。

「看來大家都會成為很出色的瓢蟲呢！」

老師笑瞇瞇地小聲說道。

瓢蟲 知多少

瓢蟲最大的特徵是紅色的身體與黑色的斑點。
為什麼牠們的體色會如此鮮豔呢？

七星瓢蟲的一生

七星瓢蟲的成長過程為幼蟲➡蛹➡成
蟲，春天是牠們活動力最強的時期。
瓢蟲出生後經過1個月左右，就會變
成成蟲。無論在幼蟲還是成蟲階段，
都最愛吃蚜蟲。

炎熱的夏天蚜蟲變少，瓢蟲會停留在
草的根部休息（稱之為「夏眠」），等到
秋天時才會開始到處活動，冬天則在
落葉下或石頭縫隙過冬。牠們的壽命
大約2～3個月。

一次產下
10～40顆卵

瓢蟲的
一生

卵

幼蟲

成蟲

蛹

會脫皮3次

瓢蟲的鮮豔體色
是故意的!?

當瓢蟲受到敵人攻擊時，就會弄破足部的關
節膜，釋放黃色汁液（體液）。這些汁液含有
會讓鳥類與螞蟻退避三舍的劇烈苦味毒素。

在綠色草叢中，紅色身體配上黑色斑點是相
當顯眼的，這是在故意警告敵人：「我是很
苦的瓢蟲喔！」因此，瓢蟲才不會被鳥類吃
掉。而且被人類抓住時，瓢蟲不但會釋放體
液，還會一動也不動地裝死。

好瓢蟲與壞瓢蟲

瓢蟲根據所吃的食物不同，可大致分為3種類型，分別是肉食性、菌食性、草食性。

肉食性瓢蟲會吃掉害植物生病的蚜蟲，對人類來說是「益蟲（好蟲）」。再者，菌食性瓢蟲會吃掉害植物生病的黴菌，因此也是「益蟲」。另一方面，會吃掉蔬菜葉片的草食性瓢蟲則被稱為「害蟲（壞蟲）」。

肉食性

異色瓢蟲
※並沒有固定的斑紋。

七星瓢蟲

菌食性

十二斑褐菌瓢蟲

柯氏素菌瓢蟲

對人類來說屬於壞瓢蟲

草食性

馬鈴薯瓢蟲

茄二十八星
瓢蟲

親自體驗看看！

往上爬吧！瓢蟲

瓢蟲有爬到草的頂端並朝著太陽飛去的習性。因此，可以準備鉛筆或吸管等細長物品讓瓢蟲停留，看看他們會不會爬到頂端。

111

天空究竟有多大？

天空有沒有盡頭呢？

阿翔躺在草皮廣場上放鬆休息。

風徐徐地吹來，真是舒服。

鳥兒啾啾鳴叫，

飛過蔚藍的天空。

「天空究竟有多大？

有沒有盡頭呢？

我這就來調查看看！」

於是阿翔開始展開行動。

他來到遊樂園，
搭乘了高度最高的摩天輪。

到了最高點時，
連遠方都看得一清二楚。
「哇～好高喔！
可是還是看不到天空的盡頭呀！」
阿翔決定再去更高的地方看看。

接著他來到晴空塔。

高度為634公尺。
據說是日本最高的建築物。
電梯飛快地抵達瞭望台，
這裡的確比摩天輪看得更遠許多。
「哇～好高喔！
可是還是看不到天空的盡頭呀！」
阿翔決定再去更高的地方看看。

於是他來到富士山頂。

高度為3776公尺。
這裡可是日本最高的地方喔！
「哇！這裡比晴空塔還要高很多耶！
可是還是看不到天空的盡頭呀！」
那還有什麼地方可以去呢？
「我想到了！」

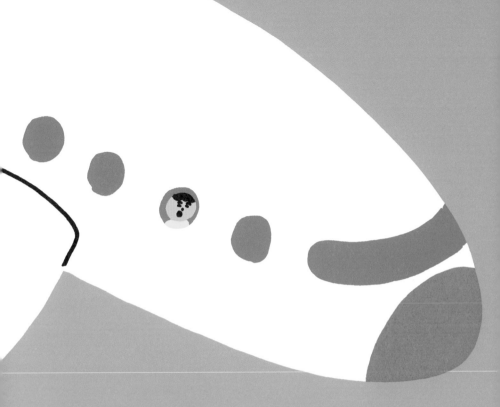

阿翔搭上飛機一探究竟。

據說飛機會在高度1萬公尺的天空飛行。
「哇喔——！飛機飛在雲層上耶！
富士山看起來離我好遠喔！」
阿翔看著窗外的景色，顯得非常興奮。
「什麼？問我有沒有看到天空的盡頭？
對唷，差點忘了這件事。」

阿翔試著看向窗戶上方的景色。

「咦？飛機上方的天空，
看起來是深藍色耶！
或許再上去一點就是天空的盡頭了！」

怎麼樣才有辦法到
比飛機飛得更高的地方呢？

117

最後阿翔登上了太空船。

火箭發射升空！
咻轟轟轟　轟轟轟——！
「嗚哇哇哇哇！速度真的快得嚇人耶～」
火箭前端啪噠地打開，
太空船穩穩地飛了出去。
終於可以從窗戶看到外頭的景象了。
「怪了，天空好黑喔！
藍色天空看起來在好遙遠的下方。」

太空船飛往太空站，進行對接！

據說太空站是在高度400公里的地方，

繞著地球轉呀轉呢！

「阿翔，歡迎來到外太空！

你可是年紀最小的太空人呢！」

「呵呵，謝謝你！」

阿翔穿越天空來到外太空。

所以說，天空是有盡頭的呢！

可是天空的盡頭究竟是在哪裡？

天空知多少

看起來無邊無際的天空，其實是有盡頭的。
天空與外太空的界線究竟在哪裡呢？

天空為什麼是藍色的？

天氣晴朗時，天空會呈現漂亮的水藍色。其實這與太陽和空氣有關，太陽光可用彩虹的7種色彩做分類（紅、橙、黃、綠、藍、靛、紫），將所有的顏色混在一起時，就會變成白色。

在地球上，太陽光會碰到空氣的粒子，而射向四面八方。由於藍色的反射性質比其他顏色強很多，因此天空看起來才會是藍白混合的水藍色。

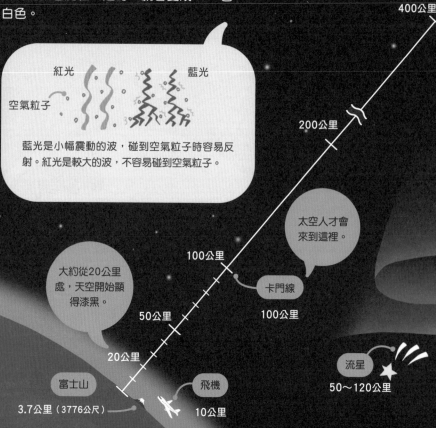

紅光　　藍光

空氣粒子

藍光是小幅震動的波，碰到空氣粒子時容易反射。紅光是較大的波，不容易碰到空氣粒子。

400公里

200公里

太空人才會來到這裡。

大約從20公里處，天空開始顯得漆黑。

100公里

卡門線

50公里

100公里

20公里

流星

富士山

飛機

50～120公里

3.7公里（3776公尺）

10公里

親自體驗看看！

觀看探空氣球影片

在網路上，可以觀賞氣球不斷升空，從漆黑高處俯視地球的影片。

搜尋「探空氣球」、「太空氣球」、「space balloon」，就可以看到許多人公開分享的影片。大家覺得從哪個高度開始，看起來像「外太空」呢？

※觀看影片時，請一定要有大人陪同。由於探空氣球會通過氣流不穩定的地點，畫面會十分搖晃，搭乘交通工具容易頭暈的讀者請多加留意。

注入氣體的氣球

降落傘

攝影機等設備

極光
80～500公里

國際太空站

400公里

原來極光是在這麼高的地方發出光芒的呀！

天空究竟有多大呢？

如同本篇故事的情節，從飛機飛行的高度10公里處往旁邊看，的確會看見藍色的天空，但往上看時，天空則是深藍色的。高度愈高天空的顏色會變得愈深、愈暗，這是因為會反射太陽光的空氣變稀薄的緣故。在高度20公里處，天空看起來會開始變得漆黑如外太空般。

那麼，這裡就是天空與外太空的界線了嗎？其實並沒有明確的界線界定「從這裡開始就是外太空」。人類劃分的代表性界線，是國際航空聯盟與NASA所採用的，自高度100公里處就算外太空的「卡門線」。來到比100公里處更高的地方時，才會被認定為「太空人」。

然而，在這個高度仍有稀少的空氣殘留。大概要到高度1000公里處，空氣才無法停留在地球周邊，因此有些觀點認為從這裡開始才算外太空。但是，大家只要記得「高度超過100公里就算外太空」就可以了。

貓咪的身體有什麼祕密？

我是
忍者貓

我叫喵果，

是一隻忍者貓。

可別以為我只是在睡午覺喔！

就算我的眼睛閉起來……

嗡～！

「喵！」

喵果高高跳起，使出貓拳反擊！

一掌就打爆了蒼蠅。

這是祖傳的貓忍法，

蒼蠅殺無赦密技！很酷吧？

啊哈，這都要歸功於我勤奮練功。

忍者貓每天都在練功夫。

身手矯健跳高高神功！
轉身來個輕巧的降落術！

快狠準抓抓神功！
嘶嘶 唰唰唰唰唰唰！

狹長的樓梯扶手也難不倒我。
搖搖尾巴輕輕踏！

來無影去無蹤藏身術！
一下這裡！一下那裡！

你應該想不到
我會躲在「這種地方」吧？

除臭清潔舔毛神功！
貓記無影腳，
悄悄靠近，砰砰飛踢！

「喵果，你想跟我玩喔？」
「喵嗚！」
我只不過是想跟人類
練功夫而已。

「喵果，看這裡！咻咻──咻！」
可惡，等等！往哪逃？別跑！
看我的必殺捕鼠絕技～！

唉喲，練功很容易肚子餓。

「喵果，吃飯囉～」

等這頓飯等很久了，

開動啦！

喵呼～

今天也練得好累喔！

昏暗的房間裡，
浮現出兩個發光的小點。
無聲無息，
快速地悄悄逼近。
這究竟是何方神聖……？

忍者貓是也！
彈跳，完美降落！

真是的，人類起床的時間有夠晚。
讓我來叫醒小主人吧！
「喵噢～喵噢喵噢！」
已經天亮啦！
今天也趕快來一起練功吧！

貓咪 知多少

貓自古以來就是擅長追捕獵物的狩獵高手。
開始與人類生活後，仍舊保留著狩獵行為與習性。

貓是什麼樣的動物？

貓的祖先住在沙漠，過著捕食小鳥與小動物的生活。埋伏在能夠藏住身體的地方，等獵物接近時便迅速飛撲壓制，這就是貓的狩獵方式。

貓會捕捉偷吃人類食物的老鼠，因此被人類重用並加以飼養。牠們是單獨行動、不會成群結隊的動物，在人類眼中看來會覺得貓有點我行我素，不過這也正是牠們的迷人之處。

貓的祖先
利比亞山貓

貓的身體構造

耳朵

擁有敏銳的聽覺，尤其擅長高頻音域。就連老鼠所發出的微弱聲響都能盡收耳裡。

鬍鬚

能透過空氣的震動尋找獵物所在的位置。

尾巴

維持身體平衡。也用來表現情緒。

眼睛

在黑暗的地方也能發揮視力。面對迅速移動的物體能看得一清二楚。

舌頭

貓會利用粗糙不平的舌頭來梳理體毛，常保身體整潔。

爪子

平常會藏起來避免發出腳步聲，追捕獵物時才會亮出來。

貓的行為與習性

為了確保狩獵時有銳利的爪子當武器，會經常磨爪子。

貓習慣埋伏狩獵，所以喜歡能夠藏身的狹窄處或高處。

在鳥類與老鼠等獵物會出來活動的早晨與傍晚最有精神。

由於從前住在沙漠，只要有少量的水便能夠生存（野生的貓是這樣）。

親自體驗看看！

與貓同樂

貓最喜歡捕捉獵物，不妨利用釣竿式逗貓棒與貓咪互動玩耍。

貓一看到原本靜止不動的物體突然迅速動起來時，就會認為「是獵物！得趁現在逮個正著！」而飛撲過來。可試著利用逗貓棒模仿從地面起飛的鳥類，或者是不斷跑跑停停、動來動去的老鼠。

貓不喜歡的事

貓很排斥「巨大的聲響」、「被水淋濕」及「被盯著看」，請避免對貓做出這些行為。

※和貓咪玩耍後記得洗手喔！

鳳蝶是怎麼變成蝴蝶的呢？

華麗變身的
鳳蝶！

在橘子園的葉子上，

有幾隻黑色的幼蟲誕生了。

春風咻咻地吹來，說道：

「小蟲蟲，你們好啊！」

其中一隻抬起頭來問：

「你是誰呀？」

「我是春風。」

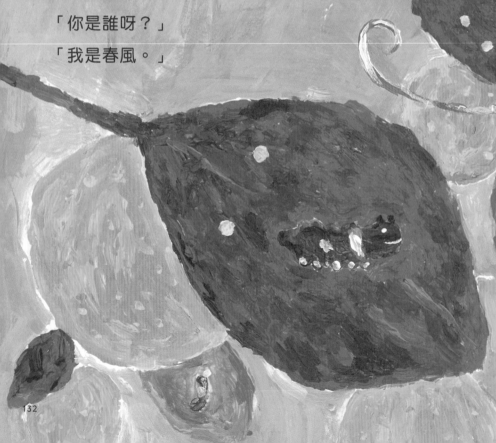

「我是鳳蝶的幼蟲，名叫扭扭。」

「你是鳳蝶!?

可是長得一點都不像蝴蝶啊！」

春風呼呼地笑了起來。

「我這才要開始變身呢！」

扭扭挺直身體，雄赳赳氣昂昂地表示。

「是喔。我想看你是如何變身的！」

於是兩人便成了朋友。

「扭扭，你變得好大隻喔！」
春風發出颼颼聲，覺得很驚訝。

「我可是脫了3次皮呢！」
「噢噢，葉子上都是洞！
你也可以吃吃看其他葉子啊～」
「其他葉子都比不上橘子葉好吃。」
扭扭對著葉子啃來啃去，滿足地吞了下去。
……就在這時！

啾—— 啾——！
「鳥來了！」
扭扭瞬間停下
所有動作。
哇賽～他看起來
真是像極了鳥糞！

「為什麼你要假裝成鳥糞呀？」
春風小聲地問扭扭。
「這樣才不會被鳥吃掉啊！」
扭扭也放低音量小小聲地回答。
鳥兒連看都不看扭扭一眼。
「好險好險，鳥已經飛走囉！」
可是……

「嘿、嘿、嘿，這招可騙不了我喔～」
一隻大螳螂倏地現身。
不過扭扭可沒在怕的。
「那你可就有苦頭吃了！」
扭扭從頭部拉出橘色的角角！
「嗯，這味道好怪。」
螳螂倒退了好幾步。
「不准你吃扭扭——！」
春風直直地往螳螂身上撞過去。

咻嚕咻嚕咻嚕——！

最後只剩扭扭獨自留在葉子上。

「扭扭～！你在哪～？」
春風又來到橘子園。

「我在這──！」
扭扭用力抬起身體。
出現在春風眼前的，是一隻好大的綠蟲！
「你是扭扭？我完全沒有注意到耶。
你身上的眼睛斑紋好大喔！」
「這是我第4次脫皮變身。
這個斑紋看起來很像蛇的眼睛吧！」

可是，才說不到幾句話，扭扭就一直猛打哈欠。

「我得睡覺了，這樣才能變成蛹……」

話才剛說完，他就立刻睡著了。

而且這一睡就睡了好多天。

「這個扭扭完全沒有醒來的打算耶！

不會有事吧？」

春風眺望著橘子園，輕輕柔柔地吹拂著，

持續等待扭扭醒來。

就在某天一大早……

蛹的外殼啪地一聲裂開，
出現了一隻色澤鮮豔的鳳蝶。
「看吧，就跟你說我是鳳蝶嘛！」
「扭扭變成美麗的蝴蝶了！」
春風輕快地轉圈，看起來很開心。
「我已經不是扭扭了，而是飄飄。」
春風吹乾了飄飄的翅膀後，
飄飄輕巧地飛了起來。
「走吧～我們不管去哪裡都要作伴喔！」

鳳蝶 知多少

鳳蝶的幼蟲會偽裝成鳥糞或蛇的頭部，
透過這種方式保命活下來。

鳳蝶幼蟲與成蟲的身形大不同

蝴蝶是一種昆蟲，成長過程為卵➡幼蟲➡蛹➡成蟲。雌柑橘鳳蝶會產下100顆左右的卵，但只有1～2顆能順利變成蝴蝶。鳳蝶幼蟲會被鳥類、蜂類、螳螂、蜘蛛等生物吃掉，有些蒼蠅或蜂類甚至會鑽進卵或幼蟲當中直接開吃。

後翅會像燕尾一樣凸出來，這是鳳蝶的特徵。

成蟲

鳳蝶的一生

卵
大約產下100顆。

為避免被鳥類吃掉，會假裝成糞便！

外觀就像鳥糞那樣。

幼蟲

蛹

幼蟲遇到敵人攻擊時伸出頭角，釋放難聞的氣味。

反覆脫皮。

偽裝成蛇的眼睛，因為蛇是小鳥的天敵！

幼蟲（綠蟲）

身體是綠色的，頭部後方有個像眼睛的斑紋。

為什麼鳳蝶會認得橘子樹呢？

蝴蝶的前腳前端具有「跗節」這種用來辨識味道的器官。雌蝶到了產卵時期，會透過顏色或氣味尋找理想的樹木，並利用前腳咚咚地敲打樹葉，藉由「敲擊」來感覺味道，並確認幼蟲在這裡會不會有被吃掉的危險。

每種蝴蝶所食用的葉子不同，即使同為鳳蝶類，柑橘鳳蝶會吃橘子或山椒等芸香科植物的葉子；黃鳳蝶則是吃紅蘿蔔等繖形科的葉子。

親自體驗看看！

觀察鳳蝶幼蟲

察看橘子樹、香橙樹、胡椒樹等樹木，若看見蟲蝕的葉子便可在附近找找，或許可發現幼蟲的蹤跡。成功找到時，請連同樹枝一起切下，帶回家飼養看看。

可將2公升寶特瓶的上端切掉，切口處貼上膠帶保護，再蓋上網眼細密的排水口濾網，就可當成飼養容器。

※建議以小型容器裝水，以免幼蟲掉進去。

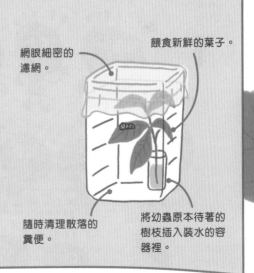

網眼細密的濾網。

餵食新鮮的葉子。

隨時清理散落的糞便。

將幼蟲原本待著的樹枝插入裝水的容器裡。

為什麼食物要放冰箱呢？

壞菌軍團
大舉入侵！

噹噹噹～～壞菌軍團即將到來！

瞧，四周已傳來他們的歌聲。

♪壞菌 壞菌 我們是壞菌

　為了增添更多的夥伴～

　我們總是忙著找食物～

　最愛暖暖的地方　最愛濕濕的環境

　咿嘿嘿嘿　被我們找到囉～♪

壞菌軍團來到樹獺懶洋洋的家。

早餐吃剩的麵包、果醬和牛奶

散亂地擺在桌上。

沒有包起來，沒有吃完，也沒有整理。

「這裡真好！可以讓我們吃飽飽。」

「壞菌軍團，出擊～！」

壞菌們在餐桌上跑來跑去，

一個接一個地牢牢抱住食物不放。

壞菌軍團開始大口大口地享用這些食物。

而且愈吃愈充滿活力。

獨樂樂不如眾樂樂！分裂～！

好東西要跟好朋友分享！繁殖～！

「嘻嘻嘻，這裡簡直是壞菌天堂～」

壞菌軍團忍不住放聲大笑。

剛睡醒的懶洋洋，
完全不知道壞菌軍團已經找上門，
舀起一匙沒有蓋上瓶蓋的果醬，
塗在咬過沒吃完的麵包上，
並咕嘟咕嘟地大口喝下
長時間擺在桌上的牛奶。

當天晚上……
懶洋洋的肚子痛得不得了，
只好急急忙忙地衝到醫院。
原來是肚子裡的壞菌軍團在作怪。

♪壞菌 壞菌 我們是壞菌

　為了增添更多的夥伴～

　我們總是忙著找食物～

　最愛暖暖的地方　最愛濕濕的環境

　咿嘿嘿嘿　被我們找到囉～♪

壞菌軍團今天又來到懶洋洋的家。

「就是這裡沒錯吧？

東西沒吃完就隨便扔著的家。」

「壞菌軍團，出擊～！」

沒想到……

懶洋洋將麵包的包裝袋綁了起來。

果醬蓋牢牢拴緊。

牛奶盒開封口也收了起來。

MILK

接著他打開冰箱。

「冰箱太冷了！」

「冰箱不是濕濕的環境！」

「這樣我們沒辦法新增夥伴！」

壞菌軍團忍不住大叫，

不過懶洋洋是聽不見的。

「不要啊～～不～要～放～冰～箱～！」

啪噹！

冰箱門關上了。

「這下糟了！」

「這裡明明是壞菌天堂的啊！」

「啊，那裡有一鍋看起來暖呼呼的湯耶！」

慌了手腳的壞菌們，噗通一聲跳進鍋裡。

沒想到懶洋洋接著轉開了瓦斯爐火。

「燙燙燙，燙死了～」

熱鍋裡的壞菌們在轉眼間

咻呼呼地漸漸縮小不見。

「這個家根本是壞菌地獄啊～～」

勉強活下來的壞菌們，
拖著半條命逃離懶洋洋的家。
「我們得繼續找尋東西沒吃完
就扔著、丟著不管的家！」
「借問一下喔，
該不會你家就是這樣吧？」

壞菌知多少

壞菌非常微小，無法以肉眼看見，
卻會讓食物腐壞，是很難纏的對象。

壞菌是什麼樣的生物？

壞菌包含了被稱為「黴菌」與「細菌」的微小生物。其中，會讓食物腐壞、害人類生病的菌種，我們稱之為壞菌。壞菌只要遇到能供給它們養分的東西，便會附著在上面，不斷繁殖增生。它們尤其喜歡溫暖潮濕的環境。

冰箱內的溫度低而且乾燥，在這樣的環境下，壞菌的活動力會減弱，食物也就不容易腐敗。只不過，放冰箱保存並不等於壞菌都會死光光。長期放著不管的話，壞菌還是會增生。處理食物的重點在於「從冰箱取出後，盡快將剩下的部分放回去」，以及「盡快使用完畢」。

親自體驗看看！

尋找容易發霉的地方

黴菌有時繁殖速度飛快，有時則不太增生。將吐司切成小塊進行實驗，觀察看看放在哪個地方容易發霉吧！

※若家人患有氣喘或過敏症狀，請勿進行此項實驗。

1

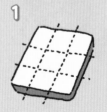

將吐司切成 9 等分，直接放在室內30分鐘左右（為了讓黴菌的菌絲附著上去）。

2

確實壓緊

將每個吐司塊分別放入透明的夾鏈袋內，確實密閉，以免黴菌跑出來。

黴菌

當黴菌的「孢子」附著在有養分與水分的地方時，就會長出宛如細絲的結構。伸長的細絲會長出新的孢子，然後再度飛進空氣裡。當黴菌透過這種方式繁殖成一大團後，肉眼便能看見它們的存在。

有些人會認為「只要把發霉的地方去掉，應該還能吃」，但其實黴菌的菌絲分布範圍很廣，因此請勿吃下已發霉的食物。

人的手既溫暖又潮濕，容易附著壞菌。所以從外面回到家時、上完廁所後、用餐前，請一定要用肥皂洗手。

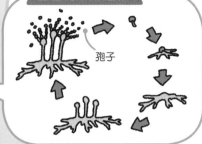

黴菌的形成過程

孢子

細菌

絕大多數的細菌都是靠著分裂（複製）自己身體的方式來進行繁殖。細菌分布於地球上的任何角落，在人類的腸道當中也有約1000種細菌存在。

細菌還可分成為人類帶來良好作用的類型（例如「納豆菌」等 → 36頁）、帶來壞作用的類型，以及不好不壞的類型。只要以75度以上的溫度加熱1分鐘，大部分的細菌就會死亡。

③ 將吐司放在家裡的各種地方，例如高溫、低溫、溼氣重的地方等等。其中一個則放入冰箱。

④ 每天觀察。若已發霉則記下日期，拍照留下紀錄後便可將吐司丟掉。最容易發霉與最不容易發霉的地方會是哪裡呢？

星星們
跑哪去了？

「星星們白天究竟在哪裡呀？」

望著天空的山貓說道。

其他動物們也覺得很疑惑，紛紛說：

「對耶，究竟在哪兒呢？」

「不如大家一起來想想吧？」

獅子做出提議。

「好耶！」

大家顯得很有興趣。

「我認為星星們發光後，
會變成流星掉下來。」
小狐狸率先表示。
「對耶！流星在天快亮的時候會多很多。」
烏鴉點頭表示認同。
現場還響起了一陣掌聲。

「可是，星星掉下來之後是怎麼回到天上的啊？」
狗狗覺得不解。
「再說，星座的形狀都沒變過耶。
星星每天掉下來還要回到天上去，不是很麻煩嗎？」
野狼也歪著頭想不通。
「這麼說也是。」
大家又陷入想不明白的狀態。

「星星們應該
跟螢火蟲一樣，
只在晚上發光，
白天可能在睡覺吧？」
蛇發表了他的意見。
「也許因為星星在天上閉著眼睛睡覺，
所以白天才不會發光吧。」
熊說完後，四周響起了一陣比剛才更熱烈的掌聲。

「你們在聊什麼呀？」
老鷹飛過來問大家。
「我們在討論星星白天在哪裡，
在做些什麼。」
獅子回答道。
「欸，是喔？就跟晚上一樣啊～
星星白天也是一直在天上發光喔！」
「什麼？你說的是真的嗎！？」
大家感到很吃驚，頓時一片鬧哄哄。

「白天的天空比星星還要亮很多，
所以就算星星發光也看不見。
這就跟提燈一樣，白天點燈時……你們看！」
「咦？真的不覺得亮耶！」
大家驚訝得睜大了眼睛。
「換句話說，天空愈暗，
星星就顯得愈亮、愈多。」

當天晚上，大家把村子裡的燈火全都關掉，
仔細地看著星星。

比平常更漆黑的天空
出現了比平常更多的星星！
「哇啊～好漂亮喔！」
「簡直是星星嘉年華呢！」

「哦，我第一次看見自己的星座！」
山貓的眼裡閃爍著光芒。
「大家也看看我的星座～
那顆是北極星喔！」
小熊也笑嘻嘻，顯得很驕傲。
大家很開心地向彼此介紹代表自己的星座。

星星知多少

星星其實有各式各樣的類型。
在夜空中能看見的星星，幾乎都是自行發光的「恆星」。

星星的種類

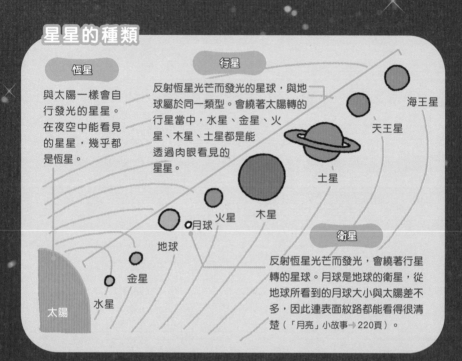

恆星

與太陽一樣會自行發光的星星。在夜空中能看見的星星，幾乎都是恆星。

行星

反射恆星光芒而發光的星球，與地球屬於同一類型。會繞著太陽轉的行星當中，水星、金星、火星、木星、土星都是能透過肉眼看見的星星。

海王星

天王星

土星

木星

火星

月球

地球

金星

水星

太陽

衛星

反射恆星光芒而發光，會繞著行星轉的星球。月球是地球的衛星，從地球所看到的月球大小與太陽差不多，因此連表面紋路都能看得很清楚（「月亮」小故事➡220頁）。

※上圖為概略圖，星球大小和距離與實際情況有所出入。

為什麼白天看不見星星呢？

白天之所以看不見星星，並不是因為星星沒發光，而是亮度輸給被太陽光所照亮的天空。天空愈漆黑，星星看起來就愈多。在山上會比在都市更容易看見星星，正是因為天空較暗的緣故。

不過，即使是在都市，只要利用手或建築物擋住月亮或戶外燈光，能夠看見的星星數量就會變多。

白天可以看見的星星

平常星星的光芒會輸給太陽的亮度，
不過有些星星在白天也能看見。

金星

亮度會隨著它與地球
之間的位置關係而改
變。從地球所能看見
的恆星當中，亮度最
大的是大犬座的「天
狼星」，而金星最亮
的時候，亮度甚至高
達天狼星的20倍。因
此在白天的天空也能
看見它的存在。

月球

在蔚藍的天空中也能清楚
看到其白色的身影，找起
來一點都不費力。

親自體驗看看！

尋找金星

金星又被稱為「啟明星」、「長
庚星」。這是因為在黎明時分
（清晨）能看見金星的時期，它是
最後一顆消失的星星；而在黃昏
時分（傍晚）能看見金星的時期，
它是第一顆出現的星星。

不妨試著在清晨與傍晚尋找金星
的蹤影。大家第一個找到的究竟
會是哪顆星呢？能看見金星的時
間與位置，請大家上網查詢。

若住家附近有對外開放的天文台，就
請帶著孩子觀察在藍色天空中的金
星。透過望遠鏡便能看見形狀如彎月
般的金星※，以及除了金星以外的明
亮一等星。

※ 金星如月球般，形狀會有所變化。

西瓜與哈密瓜哪裡不一樣？

水果之王是哪位？

快坐好，快坐好，要開始說相聲囉！

在一片掌聲中登場的是……

「大家好～我是西瓜。」

「我是哈密瓜。」

「話說，已經夏天了耶！」

「真的很熱啊！這個季節正是水分很多的水果

最好吃的時候呢～」

「提到夏季水果之王，就會讓人想到……」

「西……」

「哈密瓜對吧！」

哈密瓜一個箭步往前站。

「哈密瓜最大的特色就是很香！

光是從旁邊走過，

就會忍不住覺得『噢，好香啊～』，對吧？」

哈密瓜啪噠啪噠地揮動扇子。

「管你有多香，要是鼻塞就聞不到啦！」
西瓜一把推開哈密瓜。
「西瓜最大的特色就是造型很時髦！
綠綠的身體配上黑條紋，
而且裡面紅通通的！」

「是否真的是紅色誰知道啊？
要不然你打開讓我們看一下！」
「喂！你說得倒容易，
打開後就湊不回去啦！」
西瓜忍不住對哈密瓜吐槽。
「大家都嘛知道西瓜肉是紅色的！
甜甜脆脆又紅紅的果肉，
還有一顆顆的黑籽。
整個就是很有特色！」
這時從觀眾席傳來
此起彼落的讚嘆聲。

「那些籽就是很麻煩啊！
亂七八糟地長在果肉上。
就算全都先清光，吃的時候還是會中標！」
觀眾們點頭如搗蒜。
「哈密瓜就沒有這種困擾。
我們的籽是聚在一起的，
只要把籽挖出來就可以盡情享用囉～」
面對露出奸笑的哈密瓜，西瓜不服氣地
哼了一聲。

「好不好吃比籽的位置更重要好嗎！
若要論美味度，那當然是西瓜啊～
不用懷疑，夏季水果之王就是西瓜！」
「不不不，是哈密瓜！」
「西瓜！」
「哈密瓜！」
此時從觀眾席傳來一個聲音。
「那就看哪一個最先賣掉來決定不就好了？」
「好，贊成！」

西瓜與哈密瓜露出帥氣的表情等待買主。

就在此時客人上門了。

「夏天就該吃西瓜。

可是哈密瓜也好香喔⋯⋯」

沒想到這位客人竟然兩顆一起買。

「居、居然是平手！？

⋯⋯謝謝大家，西瓜、哈密瓜下台一鞠躬～！」

「謝謝西瓜與哈密瓜的表演～！」

接著登場的是鳳梨。

「一說到夏天，

當然就想到代表南國風情的鳳梨。」

「夏天會想到水蜜桃啦！」

「是葡萄才對！」

覺得自己才是夏季水果之王的水果們紛紛上台。

不知不覺間都可以湊成一個水果籃了呢！

大家最喜歡哪一種呢？

西瓜與哈密瓜 知多少

西瓜與哈密瓜，兩者皆是葫蘆科的夏季水果。
彼此之間有什麼樣的差異呢？

果肉的中央部分比較甜。

西瓜與哈密瓜的差異

西瓜

西瓜的起源地為非洲沙漠。含有大量水分的西瓜，在沙漠地區是相當珍貴的食物。至於西瓜為何會有黑「條紋」的原因至今依舊不明，但有一說認為長出黑條紋是為了吸引在天空飛翔的鳥類，好讓牠們幫忙搬運種子。我們所食用的紅色部分，其實相當於哈密瓜的種子集結處，也就是會被丟棄的部分。

哈密瓜

哈密瓜的果實生長速度很快，在過程中外皮會裂開，裂痕癒合時就會形成「網紋」。換句話說，網紋就好比是人類受傷結痂。我們所食用的綠色或橘色部分，其實相當於西瓜綠皮內側白色不太甜的部位。

果肉的外緣部分比較甜。

水果為什麼會甜甜
又美味呢？

飛禽的視力絕佳，走獸的鼻子很靈。這是因為鳥類主要在白天活動，而地面上的動物們則大多在夜間活動。水果之所以甜甜的、色澤鮮艷並散發香味，都是為了吸引鳥類與其他動物，好讓種子能隨著牠們排出的糞便落地生根。

試圖吸引鳥類的水果，會在高高的樹木或藤蔓上長出鮮豔的果實；試圖吸引動物的水果，則會在接近地面處結下發出香味的果實。西瓜長在地面，但具有黑色條紋，遠遠地就很醒目，熟透時（代表可以吃了）會啪地一聲裂開，露出紅色果肉，因此鳥類也很愛吃。由於不能讓種子在未長大前就被吃掉，水果在成熟前顏色並不鮮豔，也不會散發出香味。

親自體驗看看！

利用哈密瓜讓其他水果變甜

哈密瓜會釋放出名為乙烯的氣體，能幫助水果熟成。利用未熟的哈密瓜與奇異果進行實驗，看看奇異果會不會早點變熟吧！

1 將哈密瓜與奇異果裝入塑膠袋中，避免空氣進入，並放置在通風良好的地方。

2 另一個塑膠袋則只放入奇異果。與 1 比較看看，哪一袋會先熟。

※無論是哈密瓜還是奇異果，都請使用未熟的。水果放入冰箱冷藏後會停止熟成，因此在食用前幾個小時再冰入冰箱即可。

哈密瓜與奇異果

只放奇異果

智慧型手機的視訊通話原理是什麼？

視訊通話的
祕密大冒險

小帆最喜歡跟住在遠方的奶奶講視訊電話了。

「我覺得智慧型手機好神奇喔～

感覺奶奶就好像在我身邊一樣。」

「那是因為小帆的聲音跟表情，

都能透過光波飛快傳到這裡的緣故。」

「飛快的光波？」

「是啊，速度非常快喲！要不要探險一下？」

「怎麼探險？」

「等一下手機畫面會出現一位小精靈，

妳用手指點點看。」

奶奶對著畫面呼地吹了一口氣，

一隻小巧的精靈候地現身。

「哇喔～小精靈出現了！」

小帆輕輕地觸碰了一下小精靈……

突然間，小帆被一股不斷顫動起伏的光波包圍住，
咻地一聲被吸進智慧型手機裡了。
「咦？嗯？這這這！？ 看到我的房間了！」
「妳好啊！小帆～是奶奶拜託我來幫妳帶路的。」
方才的小精靈牽起小帆的手。
「妳現在變身成電波了喔～」

「電波？」

「沒錯，電波可以在天上飛！跟我來～」

咻──！

兩人離開智慧型手機後，

轉眼來到一座巨大的天線上。

「這裡叫做『基地台』，

是電波聚集的地方喔！」

「啊，看到我家了。」

「是啊，因為這是離妳家最近的基地台呀～」

「接下來會變身成光波喔～

等一下我們會在光纖這道管線裡移動。」

小精靈對著小帆施展魔法後，

小帆渾身變得亮晶晶的。

「哇啊～好快喔～！」

兩人在彩虹光芒中飛也似地快速前進。

「妳們兩位，請停下。」

抵達一座巨大建築物時，

一位機器人嗶地吹了一聲警笛。

「這裡是『交換中心』。妳們要去哪裡？」

「要去找奶奶。」

小精靈對著機器人亮出旗子，指出地點。

「那該走這條路。」

「謝謝你。小帆，我們走吧！」

小帆與小精靈在光纖管線中，

咻咻咻地飛快前進！

「我們已經來到奶奶家旁邊的『基地台』囉～
再一下下就到了！」
小精靈再度對著小帆施展魔法，
小帆又變身成電波！
不多久就抵達了奶奶的智慧型手機。
「奶奶！我來了。
路途雖然有點遠，但是咻一下就到了。
光的速度真的有夠快的！」

「是吧？」

「嗯，好好玩喔！」

「那就好，回家路上小心喔～」

就在笑容滿面的奶奶

觸碰螢幕裡的小帆後……

下一瞬間小帆便回到自己家裡了。

「探險結束了。這件事要對其他人保密喔～」

奶奶露出淘氣的表情呵呵笑，

對著小帆眨了眨眼。

智慧型手機知多少

視訊通話時的聲音與影像，
都是透過眼睛看不見的電波在空中穿梭傳送的。

為什麼能跟身在遠方的人講視訊電話呢？

大家曾經用智慧型手機跟身在遠方的人講過視訊電話嗎？通話時對方就好像在身邊一樣，無論是聲音還是表情都很清楚對吧？使用者的聲音和表情，究竟是如何傳送到對方那裡的呢？接下來就帶大家一起來了解。

基地台

交換中心

光纖

電波

智慧型手機

1 通話者的聲音與表情會搭上電波，飛往離智慧型手機最近的基地台。

2 到了基地台後轉乘光纖，前往交換中心。

3 在交換中心聽取交通指引後，通過各種光線管道抵達對方的交換中心。

電波與光是全宇宙中飛行速度最快的。1秒鐘的飛行距離，居然能繞地球7圈半，大約長達30萬公里！所以就算彼此離得再遠，也能即時互動。

廣泛運用於生活中的電波

電波可以傳送聲音或影像等「資訊」，
因此被運用在各種機器上。舉凡電視、
收音機、電波錶、交通IC卡（如Suica、
PASMO等）、導航儀等，都是透過電波
接收資訊。

遍布全國各地的
光纖通訊網路

基地台

交換中心

4 從交換中心抵
達離對方最近
的基地台。

5 在基地台轉乘電
波，抵達對方的
智慧型手機。

※此圖為示意
圖。

光纖

電波

親自體驗看看！

撥打視訊電話

利用智慧型手機或電腦，與住在遠方的親戚視訊
通話看看吧！

視訊通話的強項是能利用影像讓對方看見難以用
言語說明的事物。大家可以試著展示自己的畫作
或勞作等作品，聽聽對方的感想。

智慧型手機

挖啊挖　鑽啊鑽
地心歷險記

大地在樹幹底部發現了一個洞。

能看到裡面有樹根，但因為太暗了，

無法看清楚更下方還有什麼。

不過這個洞似乎很深很深，

不斷延伸。

「地面下方究竟長什麼樣啊？」

就在此時，地面咚隆咚隆地晃了起來……

咻——咚！

突然間，

從洞裡鑽出了一台古怪的車子。

「地底的事就包在我鼴鼠機器人身上！

我可是鑽洞達人呢～上車吧！」

「哇——，地下探險，出發！」

大地二話不說，一屁股坐了進去。

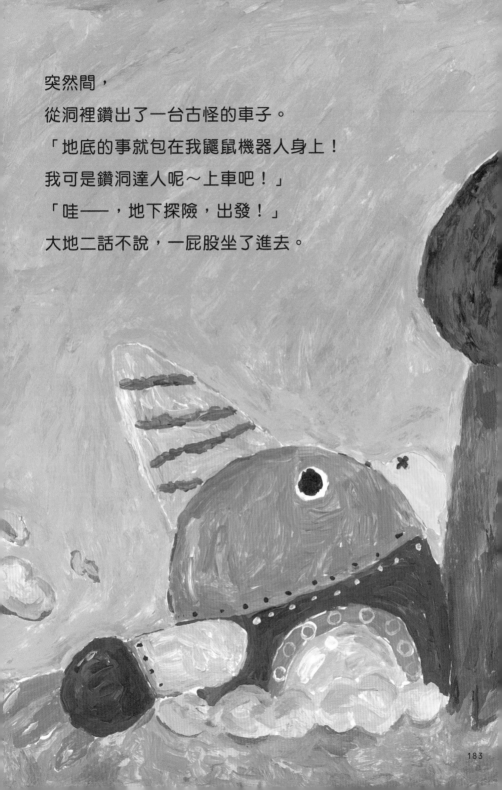

「比較淺的地方會有樹根和一些動物的巢穴，

前進時得小心避開。

大地，你知道地底下住著哪些生物嗎？」

鼴鼠機器人問道。

「我知道啊！

像是蚯蚓、鼴鼠、甲蟲的幼蟲，

還有螞蟻也是住在洞穴裡吧～」

「你知道的可真多！」

大地被機器人一誇，忍不住有點得意起來。

「等一下就會抵達巨大的鐘乳石洞喔～
而且裡面還有湖泊呢！」
他們來到一座彷彿巨大迷宮般的洞穴。
長得像冰柱與香菇的白色石頭，
從上方與下方歪七扭八地分布著。
「哇啊～是石簾耶！」

「坐好囉～我們還要繼續往下挖。
接下來即將抵達水晶洞穴！」
下一座洞穴一整個閃閃發光，
簡直就像玻璃宮殿一樣。
「哇～好漂亮！這是自然形成的嗎？」
大地將額頭貼在車窗上。
「是啊！光是一根柱子的體積，
都比大人還要大呢！」

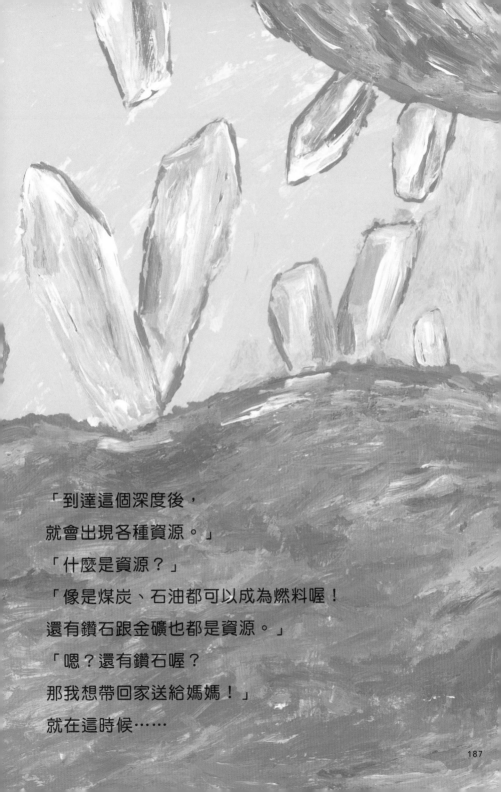

「到達這個深度後，

就會出現各種資源。」

「什麼是資源？」

「像是煤炭、石油都可以成為燃料喔！

還有鑽石跟金礦也都是資源。」

「嗯？還有鑽石喔？

那我想帶回家送給媽媽！」

就在這時候……

「是誰呀——？是誰在搔我癢！？」
沒想到地球居然開口說話了！
「鼴鼠機器人，快停下來！」
大地急忙阻止鼴鼠機器人前進，
可是已經來不及了。
「噗呼，呵呵呵，好癢喔——！
我受不了啦～！」
鼴鼠機器人被一股力量震得不停搖晃。

「噗轟── 砰、砰──！」

傳來一陣彷彿氣球破掉的聲響，
鼴鼠機器人從地底被撞飛出去。
就這樣直接回到外面的世界！
可是奇怪了，車體居然浮在半空中！？
大地嚇個半死，小心翼翼往下瞄……
「鼴鼠機器人，你看！是溫泉耶！
地面下果然埋著很多東西呢！」

地底知多少

地面下是我們平常無法看見的空間。
究竟在那裡有著什麼樣的世界呢？

人類的生活也會利用到地下空間

我們人類雖然在地面上生活，但也會前往地下街或搭乘地下鐵。此外，自來水、瓦斯等，會通過地下管線送往每一戶住家。石油、煤碳、金屬等資源也必須從地下挖取。到目前為止，人類挖過最深的洞下達地底12公里。這相當於3座富士山加起來的深度。

然而，從地球表面到地球中心深度大約6400公里。若將地球比喻為足球，那麼12公里只不過是在溝縫表面而已。比12公里更深的地方究竟呈現何種景象？只能調查火山爆發時所噴出的岩漿成分來推敲想像。所以說，地底是一個還留著許多謎團的世界。

地下空間利用方式

瓦斯管線　自來水管　下水道

地下街　　地下鐵

若將地球比喻為足球，那麼據說人類目前所知的地底世界，只不過是在溝縫表面而已！

生活在地底下的生物們

會利用地下空間的不只有人類而已，昆蟲與動物也會在地底生活或挖築巢穴。究竟有哪些生物住在這裡呢？

兔子

老鼠

蚯蚓

鼴鼠

螞蟻

青蛙

熊

住在地底	挖築巢穴	過冬・冬眠
● 蚯蚓　● 鼴鼠	● 老鼠　● 兔子	● 熊　● 松鼠
● 螞蟻　● 蟻獅	● 獾	● 青蛙　● 蛇

> **親自體驗看看！**

調查溫泉的深度與成分

日本四面環海，又有很多火山，累積在地下的水因此被加熱，所以擁有許多「溫泉」。

大家去泡溫泉時，不妨調查一下該溫泉是從多深的地方湧出的，也可以順便了解一下溶解於溫泉內的地球內部成分。比一比每個溫泉在哪些方面有什麼不同之處，也會非常有趣喔！

※關於深度，可以請教該溫泉的工作人員。成分則會直接標示出來，請大人幫忙唸給孩子聽。

191

蟬為什麼會大聲鳴叫呢？

蟬的 合唱 大賽

陽光燦爛的夏日早晨，

蟬的合唱大賽即將展開，

並由螻蛄擔任主持人。

「歡迎大家參與合唱大賽！

我們會根據掌聲熱烈程度來決定冠軍。

接下來就請參賽者為大家帶來精彩的表演。」

「首先登場的是熊蟬隊，請就位！」

♪我們是～ 熊蟬～
　從早晨到中午 扯著嗓門 大聲鳴叫
　高大的身材也讓我們自豪～
　沙哇沙哇沙哇沙哇
　沙哇沙哇沙哇沙哇 ♪

會場響起了一陣熱烈的掌聲。
「身材高大的熊蟬們所帶來的演唱
的確充滿震撼力。」

「接下來有請斑透翅蟬隊，請就位！」

♪我們是～ 斑透翅蟬～
　叫聲就跟名字一樣好聽 咪嗯咪嗯
　綠色的斑紋也很好看吧～
　咪——嗯咪嗯咪嗯咪嗯咪嗯咪——♪

觀眾席又響起熱烈的掌聲。
「斑透翅蟬隊的歌聲雖然跟熊蟬隊很像，
但唱法可完全不同呢！」

「氣氛愈來愈熱烈了！
有請寒蟬隊，請就位！」

♪ 我們是～ 寒蟬～

　夏天進入尾聲時　才會開始賣力叫

　聽這旋律　聽這節奏　是不是很迷人呀

　茲咕茲咕啵嘻　茲咕茲咕啵嘻

　茲咕茲咕啡唷　茲咕茲咕啡唷　唧——♪

觀眾席再度響起熱烈的掌聲。
「寒蟬隊的歌曲還真特別呢！」

「接下來輪到油蟬隊登場，請就位！」

♪我們是～ 油蟬～
　叫聲很像炸東西時的聲音
　黃色的翅膀也很搶眼吧～
　唧～唧哩唧哩唧哩 唧～唧哩唧哩唧哩 ♪

觀眾席仍舊報以熱烈的掌聲回應。
「歌聲就跟名字的『油』字一樣熱情！」

「不知不覺間，居然已經傍晚了。

最後登場的是暮蟬隊，請就位！」

♪我們是～ 暮蟬～

喜歡黎明 傍晚 氣候涼爽的時段

清新動聽的歌聲是我們的驕傲——

咯吶咯吶咯吶咯吶　咯吶咯吶咯吶咯吶♪

最後一組隊伍，觀眾席依然給予熱烈的掌聲。

「真是會讓人聯想到秋天的優美歌聲～」

「讓大家久等了。
接下來即將揭曉冠軍得主！」

沒想到，觀眾席不知不覺間變得空空如也。
就連參賽者也都不知跑哪去了！
「現在是什麼情形？你是說大家找到結婚對象，
急忙回家去了？」

「那我們也沒閒功夫再耗下去了,
得趕緊找到對象才行!
咳咳!
唧——咿——! 沏咿——!」
螻蛄們也一邊發出叫聲,
一邊匆忙離開會場。

在陽光燦爛的夏日裡,
不妨試著找找看。
蟬正在舉辦合唱大賽呢!

蟬兒知多少

每到夏天，到處都能聽見蟬的大合唱。
蟬為什麼會大聲鳴叫呢？

蟬是為了什麼而鳴叫？

咪——嗯

咪嗯咪嗯

一到夏天就會叫得很起勁的蟬，其實只有雄蟬才會鳴叫，雌蟬是不鳴叫的。雄蟬鳴叫是為了討雌蟬的歡心，屬於求偶行為。大聲鳴叫的雄蟬在雌蟬之間很吃香，所以雄蟬才會爭先恐後地以高分貝鳴叫。

嘰～嘰哩嘰哩
嘰哩嘰哩

為什麼能發出這麼大的音量？

蟬的「叫聲」並不像人類那樣是由喉嚨所發出的。雄蟬的腹部具有「膜」，這個膜的性質類似鼓皮，蟬會使用肌肉震動這道膜來發出聲響。而且雄蟬的腹部幾乎是中空的，這樣才能製造出嘹亮的叫聲，這就跟在隧道內聲音容易產生迴響的原理是一樣的。

雄蟬的腹部

（橫切圖）

讓聲音嘹亮的膜

背部

腹部

肌肉

呈中空狀，讓聲音更響亮。

調節聲音的瓣膜

日本常見的蟬

蟬的種類繁多，不妨記下牠們的各種外型與叫聲，若能分辨出其中的差異會很有趣喔！

蟬或許給人壽命很短的印象，不過牠們的幼蟲期很長，就昆蟲來看屬於長壽的物種。壽命較短的寒蟬大約可活1～2年，壽命較長的蟪蛄、熊蟬、油蟬等則可活4～5年。

沙哇
沙哇

蟪蛄

唧——

體長3～4公分

熊蟬

沙哇
沙哇

體長6～7公分

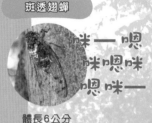

斑透翅蟬

咪——嗯
咪嗯咪
嗯咪——

體長6公分

寒蟬

茲咕茲咕
嗞嘻

體長4～5公分

油蟬

唧哩
唧哩
唧哩

體長5～6公分

暮蟬

咯吶
咯吶
咯吶

體長4～5公分

親自體驗看看！

觀察雄蟬與雌蟬的身體有何不同

會大聲鳴叫的雄蟬與負責產卵的雌蟬，身體構造是不一樣的，彼此能透過腹部的形狀來做區別。接下來就帶大家了解一下有何不同，即使是脫落的蟬殼，也能看出這些特徵。

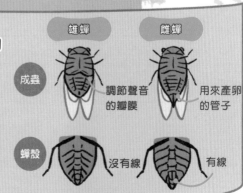

	雄蟬	雌蟬
成蟲	調節聲音的瓣膜	用來產卵的管子
蟬殼	沒有線	有線

蒲公英是如何度過一生的？

蒲公英
波波傳

在冬天的地面上，

兔子發現了蒲公英的葉子。

他們將身子壓得很低，

努力再努力地對抗嚴寒。

他們吸收著陽光，製造養分，

將能量儲存在根部。

接著，春天來了。

葉子根部開始冒出圓滾滾的東西。

一顆小小的花苞探出頭來。

她是蒲公英波波。

莖仍不斷扭動變長，

然後在某個晴朗的早上……

「嗨，早安！」
波波開花了呢！
她會在早上綻放花朵，
到傍晚就闔起來。

哦，有客人來了。
「蝴蝶姊姊、蜜蜂哥哥，歡迎你們來！
幫我多運點花粉喔～」
「沒問題，包在我們身上，要給我們花蜜喲～」

夜晚降臨，白天到來。

另一個夜晚降臨，白天到來。

又一個夜晚降臨，白天到來。

怎麼回事，波波昏倒了！

黃色花朵緊閉，不再打開。

花朵漸漸枯萎，

最後掉落到地面上。

怎麼會這樣呢？

沒想到波波居然抬起頭，
莖部朝向天空不斷伸長，
比開花的時候伸得
更高更遠！

「讓你久等了！我當媽媽了。」
波波已經不是從前那個黃黃的波波了，
而是純白、軟綿綿又圓滾滾的絨球。

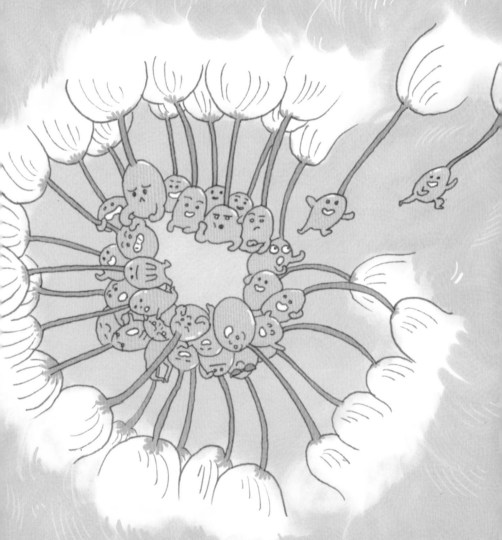

絨球根部的種子居然多達100株！

春風開始吹拂。

「一路順風喔！」

噗滋 噗滋 噗滋！

種子搭著絨毛降落傘，

從波波身上離開，

乘著風往更高更遠的地方飛去！

「孩子們，一路順風！

降落到地面後，記得忍耐再忍耐。

不管是炎熱的夏天還是寒冷的冬天，

都要確實向下扎根喔！」

原野上有好多黃色的蒲公英，

也有好多白色絨球的蒲公英。

俯瞰著這片屬於春天的地毯，

隨著絨毛起飛的種子們，

乘著春風愈飛愈高，愈飛愈遠。

種子們的冒險旅程，現在才剛要開始呢！

蒲公英 知多少

相信大家都很喜歡蒲公英的絨球吧！
蒲公英究竟是什麼樣的植物呢？

蒲公英的構造

長在1根莖上的黃色蒲公英花
朵，看起來像是只有1朵，其
實是由許多小花所組成的。

垂直切開蒲公英花，會發現位
於根部的「子房」，那裡充滿
了種子與絨毛幼苗。緊貼著子
房，看起來像花瓣的部分則是
一朵花。絨毛所搬運的是果
實，剝開外皮就可看見裡面有
種子。

※在本篇故事中，以種子的說法取代果實。

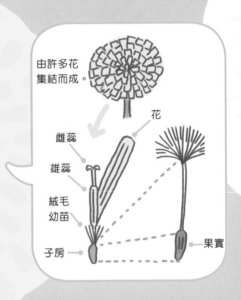

由許多花
集結而成。

花

雌蕊

雄蕊

絨毛
幼苗

子房

果實

日本蒲公英與
西洋蒲公英的差別

看起來長得都一樣的蒲公英，其實還
可分為日本原有的品種，以及從其他
國家傳入的西洋品種，彼此之間有著
許多差異。

葉子與根部可以製茶或做成藥草

蒲公英的葉子與根部可製成茶或咖啡之類的飲品，也可以當成藥草使用。根部可長到1公尺長。

親自體驗看看！

觀察蒲公英

發現蒲公英時，可以對照本頁照片所指出的特徵，調查看看究竟是日本蒲公英還是西洋蒲公英。

另外，還可以畫下花朵的素描，數一數花朵與絨毛的數量，看看究竟有多少花與果實集結在一起。

絨毛

日本蒲公英

接收其他蒲公英的花粉，以形成種子。

種子大約有100株，相當重而飛不遠。

花的底座是閉合起來的。

西洋蒲公英

利用自身的花粉形成種子。

種子大約有200株左右，很輕、能飛很遠。

花的底座是拱起來的。

為什麼月亮會走到哪跟到哪？

月亮
愛相隨

小熊月雄正跟著媽媽在晚上趕路。

不管走到哪裡，

都可以看到月亮圓圓的身影。

「媽，月亮一直跟著我們耶！為什麼呀？」

「這個嘛，你覺得是為什麼呢？」

月雄想了一下。

「我知道了！因為月亮喜歡我！」

「呵呵，應該是喔！」

隔天⋯⋯

月雄在森林與兔子麻糬見面。

「麻糬，告訴妳一個祕密喔！

月亮喜歡我耶！ 」

「哦？怎麼說呢？」

麻糬問道。

「昨晚月亮一路跟著我。

一定是因為喜歡我的彎月形斑紋！」

月雄挺起胸膛，顯得很得意。

「才不是呢！

月亮喜歡的是我！」

麻糬不服氣地反駁。

「妳說謊！」

「因為月亮老是跟著我呀！

再說，月亮身邊本來就有兔子陪伴！」

月雄和麻糬對著彼此大眼瞪小眼。

這時，小猴蒙塔正好經過。

「你們兩個怎麼啦？」

「啊，蒙塔你來得正好！」

聽完兩方的說詞後，蒙塔表示：

「嗯，既然這樣，就讓我來幫你們

判斷月亮究竟喜歡誰吧！」

「好啊！可是該怎麼做呢？」

「我想到一個辦法。」

蒙塔嘻嘻地笑了起來。

到了晚上……

蒙塔請月雄和麻糬背對背站著。

「聽到我的指令後，

請直接跑向終點喔～

看到時月亮跟著誰就算誰贏！」

月雄與麻糬都認為自己贏定了。

「各就各位，預備～起！」

月雄與麻糬

噠噠噠地向前衝，

一下子就抵達終點了！

「哇──我贏了！
月亮是跟著我走的！」

月雄和麻糬同時喊出這句話。

「咦？怎麼會？」

蒙塔覺得驚訝。

「真的啦！月亮是跟著我走的！」

「才不是呢！月亮是跟著我的！」

月雄和麻糬衝向蒙塔，高聲叫喊。

蒙塔完全不知該如何是好。

此時，貓頭鷹爺爺現身了。

「呵、呵、呵，這件事兩邊都算贏。

因為月亮確實跟著你們兩個走。」

「怎麼可能！明明月亮只有一個！」

大家露出難以置信的表情。

「這麼說好了，

就像遠在天邊的月亮在變魔術一樣。

回家時她也會跟著你們一起走喔！」

貓頭鷹爺爺慈祥地說道。

回家的路上……
如同貓頭鷹爺爺所說的那樣，
無論是月雄、麻糬還是蒙塔，
都有月亮跟隨著，
她散發出照亮夜路的柔和光芒。
月亮今晚也默默地
守護著大家喔！

月亮 知多少

月亮之所以看起來像是跟著我們走，其實是因為它遠在天邊的緣故。
究竟距離有多遠呢？本單元也順便帶大家觀察一下月亮的表面紋路。

月亮看起來像是跟著我們走的原因

月球離地球38萬公里遠（大約繞地球10圈的距離）。由於實在離得太遠，在人類步行移動的距離內，無法透過肉眼察覺出月亮的位置有任何的改變。不過，附近的景色則是不停地變化。

因此，我們的大腦會產生錯覺，以為「走了這麼遠，四周景色都不一樣了，但月亮的大小和位置卻沒有任何變化，所以月亮是一路跟著我走的」。

月亮看起來一直在同一個方向、大小相同。

景色卻不停改變。

月球表面的紋路
看起來像什麼？

在日本，總是將月球表面紋路比喻為「搗麻糬的兔子」。然而，世界上其他國家與地區卻有不同的解讀。明明大家看的都是同一個月亮，真的相當有趣。

日本

兔子

南歐

螃蟹

東歐

女人的臉

在你看來是什麼形狀呢？

月球有生物存在嗎？

或許大家曾聽過月球上住著「輝夜姬」或「玉兔」的故事。

事實上，月球上並沒有生物存在。會對身體造成不良影響的「輻射線」與「隕石」直接暴露在月球地表上，這樣的環境是難以讓生物生存的。我們之所以能在地球安全地生活，正是因為「空氣」與「磁場（磁力）」形成屏障，發揮了保護作用的緣故。

親自體驗看看！

觀察月亮

調查月亮會變成渾圓飽滿的日子，並試著畫下來。月球表面的紋路，看起來是什麼模樣呢？

※天黑後的觀察活動，請一定要與大人同行。

蕎麥麵與烏龍麵有何不同？

蕎麥麵與烏龍麵的
相撲大對決！

麵相撲大賽轉播，

終於進入今天的冠軍爭霸戰。

「東軍參賽選手～ 蕎麥麵～ 蕎麥麵～

西軍參賽選手～ 烏龍麵～ 烏龍麵～」

力士們登場進入土俵內了。

蕎麥麵的絕招是爽口又不拖泥帶水；

烏龍麵的看家本領則是富含嚼勁有耐力。

兩位力士做完撒鹽的儀式後，
拍響雙掌、雙手往左右伸展，
雙腳輪流高高舉起，咚、咚地踩踏，
完成四股熱身儀式。
「蕎麥麵～加油！」
「烏龍麵～不能輸啊──！」
觀眾席傳來此起彼落的加油聲。
兩位力士將身子壓低，瞪視著彼此。
比賽就要展開了。

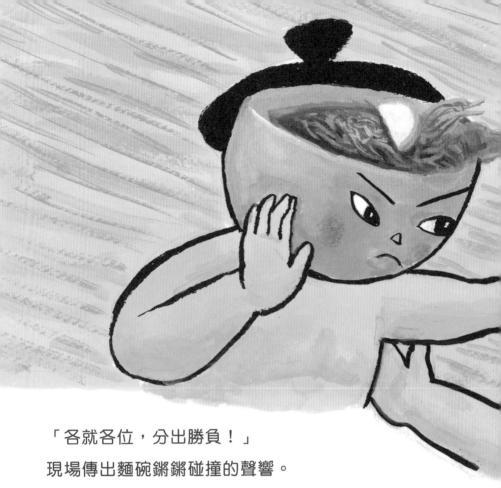

「各就各位，分出勝負！」

現場傳出麵碗鏘鏘碰撞的聲響。

噢噢，蕎麥麵失去平衡，

但很快又穩住身體！

烏龍麵則是穩如泰山。

啪！ 啪啪啪！ 啪啪啪！

蕎麥麵伸出雙掌，輪番猛烈拍擊。

果然是身手矯健、快狠準的蕎麥麵！

上次決賽開戰沒多久，他便輕快地化解攻擊，

三兩下就把烏龍麵推出場外。

可是，今天的烏龍麵相當難纏。

他挺過了蕎麥麵的掌擊，

彼此展開貼身肉搏戰。

下盤很穩可是烏龍麵的一大強項，

是在揉麵團時鍛鍊出來的！

這正是烏龍麵的真功夫。

兩位力士戰得難分難捨。

「重新就位！」
在行司裁判的一聲令下，
烏龍麵迅速發動攻擊，
伸腳勾住蕎麥麵，卻被他輕鬆破招。
涮噗！
噢噢，蕎麥湯汁噴到烏龍麵臉上了！
「啊～好香啊！」
沒想到烏龍麵居然聞得陶醉。

蕎麥麵是香氣十足的麵類，

湯汁可是用柴魚片精心熬煮而成的呢！

據說還具有消除疲勞的效果，

而這也正是蕎麥麵人氣不朽的祕密。

「烏龍麵，別讓對方有機可乘啊～」

觀眾席出聲關切。

烏龍麵聽到後，表情又變得強悍起來。

「喝！」

烏龍麵發出充滿鬥志的聲音，

並猛然抓住蕎麥麵的兜襠布。

咦？蕎麥麵似乎無力抵抗！

「再接再厲！ 再接再厲！ 再接再厲！」

蕎麥麵身子懸空，被烏龍麵抓離地面。

「蕎麥麵，加油啊！」

可是他只是雙腳無力地掙扎著。

「勝負已定！由烏龍麵獲勝～」
致勝關鍵在於烏龍麵的大絕招，熊抱技。
原來蕎麥麵的麵條已變得軟爛，
完全動彈不得。
容易變爛的麵條不利於長時間作戰，
所以這場賽事由烏龍麵的耐力取勝。

今天的麵相撲大賽轉播到此告一段落。
謝謝收看，再見！

蕎麥麵 與 烏龍麵 知多少

蕎麥麵與烏龍麵都是很受歡迎的麵類料理。
兩者的原料與作法有哪些差異呢？

烏龍麵與蕎麥麵的差異

蕎麥麵

蕎麥麵是由蕎麥這種植物的果實磨成「蕎麥粉」製成的。蕎麥粉加水揉成麵團，再切成細條狀，煮熟後就是蕎麥麵。原料可以只使用蕎麥粉，不過製麵時多半會加入少許具有黏性的麵粉來當作「增稠劑」。

蕎麥麵有顏色較白與顏色較黑的兩種類型，彼此的差異在於製麵時所使用的果實部分。只選用中間的部分時，麵條就會呈現白色；也使用外圍的部分時，麵條則會呈現黑色。

蕎麥果實切面圖

色白且柔軟

褐色，質地堅硬

外殼

整體為三角形

烏龍麵

烏龍麵是由小麥這種植物的果實磨成「麵粉」製成的。麵粉加鹽水揉成麵團，再切成條狀，煮熟後就是烏龍麵。

麵團經過搓揉後，麵粉中的蛋白質「麩質」就會製造出黏性與彈力，為烏龍麵帶來Q彈有嚼勁的口感。

蕎麥麵與烏龍麵的原料是來自哪裡？

蕎麥麵的原料蕎麥，生長於涼爽又乾燥的山上。就算是在日照不太充足、土壤不太有養分的地方，也能長得很好。在日本，約有50％的蕎麥產自北海道，6％則來自多山的長野縣。

烏龍麵的原料小麥生長於涼爽又乾燥的環境。日本國產小麥大約有65％產自北海道，不過溼氣重的日本其實並不適合種植小麥。因此，日本國內所使用的麵粉，多半產自國外。

蕎麥

小麥

親自體驗看看！

製作烏龍麵

揉蕎麥麵團的過程必須迅速，若非專業師傅，其實製作起來頗有難度；烏龍麵製作起來相對簡單，比較不容易失敗。大家不妨嘗試看看，享用自己製作的烏龍麵吧！

3人份材料

● 中筋麵粉…2又¾杯
● 鹽水…¾杯
　（加入15克鹽巴）
● 手粉（太白粉）…適量

1 將麵粉倒入盆中，加入⅔的鹽水用手快速攪拌。再加入剩下的鹽水揉成圓球狀。

2 將麵團放入不易破裂的袋子裡，以雙腳踩踏（請小朋友來做）。

3 將麵團整合起來，靜置30分鐘～1小時。

4 撒上手粉，擀平麵團後像收屏風那樣摺疊起來，再以菜刀切成細條狀。

5 以沸騰的熱水將麵條煮熟，利用自來水沖洗、去除黏膜後，再以冰水冰鎮，就大功告成了。

電燈為什麼會亮？

雷神 駕到！

某個下著雨的傍晚，

雷太正在看電視時，

突然傳來轟隆隆的打雷聲。

轟隆轟隆　咚——！

電燈突然不亮了。

「電視沒畫面了！」

「哎呀，討厭！停電了啦！」

就在這時候……

……咚、轟隆！

咚、咚隆！

好像有東西掉了下來。

「痛痛痛啊～」
居然有一隻巨大的妖怪正忙著站起身。
「呀──！妖怪滾到外面去！」
雷太將遙控器砸了過去。
媽媽也拿著平底鍋飛奔過來。
「住手！我可是雷神耶！」
「雷神!?」

「嗯，我不小心從天上掉下來，
急急忙忙抓住電線，
卻被我抓斷了。
結果整個人撞上屋頂還砸出洞來，
真的很抱歉！」
雷神雙手撐地低頭道歉。
「什麼？你不但扯斷電線，
還把我們家屋頂弄破！？」
媽媽露出嚴厲的表情。

「當然，屋頂我會負責修好，

我會好好處理的！」

雷神冷汗直流地保證。

「你說的可是真的？」

「那當然！別看我這樣，我可是雷神喔！」

雷神撿起掉在地上的雷鼓往身上背，

單腳用力往前一跨，擺出威風凜凜的姿勢。

「那電視也請你快點修好！」

雷太急忙提出要求。

「我也很想把電線修好，
可是對我來說，這件事＃＊＆△◎……」
「啊？」
「我是說我搞不太懂電線啦！
你們還是拜託電力公司處理吧！」
雷神雙手合十，連聲道歉。
「什麼！？ 不會吧！」
「你說什麼！沒有電可以用的話，
我們家接下來會很困擾耶！」
媽媽氣得眼睛都快噴火了。

「當、當然我會想辦法的。

電線我是接不起來啦……

但電力的話，要多少我就能給多少。」

雷神一臉難為情地展示著雷鼓。

「那你能讓家電產品恢復運轉嗎？」

「那、那當然。交給我吧！」

雷神斜背著雷鼓，

咚咚咚、隆隆隆地敲了起來。

接下來，一道刺眼的光波朝著家電產品

嗶嗶嗶地發射而出！

噗咻——！
啾呼呼呼——

哩！

拱嚨、拱嚨
拱嚨

電力戰隊

哩　　嗚咻——

發光戰士！

哩哩！
哩哩！

啵——

電力紅騎士！
電光石火劍！

啾——啾——
啾——！

電燈、吸塵器、洗衣機、
電視、冷氣、電鍋，
還有裝電池的鬧鐘，
甚至是雷太的玩具全都動了起來！

「喂──！不能一口氣
讓所有家電運轉啦！」
換媽媽暴跳如雷。
「對、對不起⋯⋯」
「現在只需要電燈、冷氣，
還有冰箱跟電鍋就可以了。」
「還有電視！」
雷太急忙追加。
「好的⋯⋯」

「呵呵。這樣一來，
用電暫時就免花錢啦！」
咦？媽媽怎麼看起來很高興的樣子？

親子共學 ▶ 電力知多少

打開開關就能發光的電燈、插插頭就能使用的電器，
為什麼電力能讓這些機器運轉呢？

電是從哪裡來的呢？

我們所使用的電，是從哪裡來的呢？開關和插頭是與埋在牆壁中的「電線」相接的，電線就好比用來送電的通道般，家中牆壁的電線還會連結外面的電線。

沿著外面的電線走下去，會經過「電線桿」、通過名為「變電所」的地方，最後抵達產生電力的「發電廠」，電就是從「發電廠」來的。

有些電器產品不需要插插頭，裝乾電池就能使用。乾電池就像小型的發電廠，會將電池內的能源轉化為電力。

水力發電廠

變電所
調節電流量的地方。

火力發電廠

發電廠
透過火力或水力來產生電力。

雷也是電!?

雷是具有強大能量的自然電力，但是會在何時何地打雷並無法預測，因此人類沒辦法利用雷來發電。

相反的，若雷剛好打在電線上時，會瞬間使大量的電力注入，可能引起電線、保險絲（保護電路的零件）斷裂而導致停電。

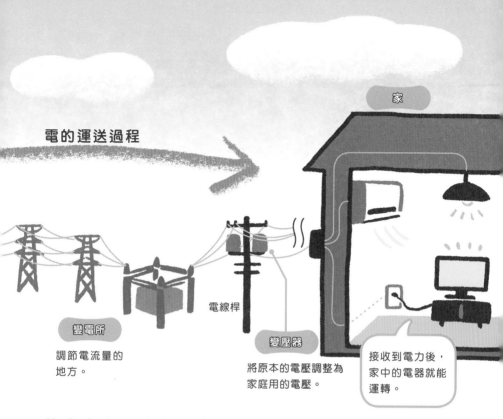

電的運送過程

家

變電所
調節電流量的地方。

電線桿

變壓器
將原本的電壓調整為家庭用的電壓。

接收到電力後，家中的電器就能運轉。

故事中出現的家電產品

靠發電廠供電

- 電燈
- 洗衣機
- 電鍋
- 有線吸塵器
- 冷氣
- 電視

靠電池供電

- 鬧鐘
- 機器人玩具

親自體驗看看！

找一找需要用電的器具

在我們的生活中，有許多需要用電的便利器具。大家不妨調查看看，除了故事中登場的家電外，還有哪些東西是需要用電的。

依賴發電廠供電的產品，以及使用電池的產品，大家各找到幾樣呢？

我也 **想** 在天上 **飛**

燕子輕巧地飛越蔚藍的天空。

「好羨慕燕子喔！

我也想在天上飛。」

企鵝普普啪噠啪噠地拍動著小小的翅膀，

可是身體卻浮不起來。

這時，一隻燕子飛了過來。

「燕子哥，為什麼你能在天上飛啊？」
普普開口詢問。
「這哪有為什麼，因為我是鳥啊！」
燕子一邊用嘴巴啾啾地整理羽毛，
一邊回答普普。
「我是企鵝，
明明也是鳥類，卻不會飛。」
普普忍不住垂頭喪氣。

「可能因為你還小吧？
等你長大了，應該就會飛啦！」
燕子說道。
「可是我爸跟我媽都不會飛耶！」
普普變得更加垂頭喪氣。

「喔，這樣啊。讓我看看你的翅膀！」
聽到燕子這麼說，
普普亮出了自己的翅膀。
普普的翅膀不像鳥類，
反而比較像海豚的鰭。
「噢噢，這可不行。
必須像我這樣翅膀上長很多羽毛，
才有辦法飛起來。」
燕子張開翅膀向普普說道。

「還有啊，跟翅膀比起來，
你的身體是不是太大了點？」
燕子上上下下打量著普普。
「我的體重快滿5公斤囉～
是飼育員幫我量的。」
普普回答。
「這樣太重了啦！
我們才20公克，等於一顆草莓的重量。」
燕子啾啾啾地邊笑邊飛走了。

「結果我終究還是飛不起來。」

普普覺得很難過。

「普普，怎麼啦？一副垂頭喪氣的樣子。」

爸爸溫柔地跟普普說話。

「我想在天上飛，

就跟燕子他們一樣。

我……我明明也是鳥類呀！」

普普忍住想哭的衝動，對爸爸說出

自己的想法。

「普普應該也是會飛的喔！
企鵝放棄了在空中飛行的能力，
變得能夠在水中飛翔。」
「在水中飛翔？」
普普好奇地抬起頭。
爸爸一臉驕傲地回答：
「是啊！巴布亞企鵝在水裡游的速度，
可是跟在天空飛的鳥類一樣快呢！
我們是很厲害的喔！」

「原來我是在水裡飛的鳥類呀！」

普普啪嚓一聲跳入水池裡，

動作輕盈如燕，一下往左一下往右，

在水中優游自在。

接著……

「哇～小企鵝在水裡飛來飛去耶！」

他聽見人類孩子們的喧鬧聲。

普普感到很開心，

小小的翅膀也拍動得愈來愈賣力了。

鳥類 知多少

世界上大約有1萬種鳥類，其中有些鳥是不會飛的。
翱翔在天空的鳥兒，究竟是如何飛起來的呢？

為什麼鳥能在天上飛？

具備翅膀

鳥之所以能在天上飛，是因為具有翅膀的緣故。翅膀是由無數的羽毛組成的，外側具有「負責前進作用的羽毛」，內側則有「讓身體漂浮在空中的羽毛」。

翅膀的構造

負責前進作用的羽毛

讓身體漂浮在空中的羽毛

體重很輕

鳥類的骨頭內部像海綿那樣充滿孔洞，因此非常輕盈。而且吃下肚的東西會立刻消化成糞便排出，以減輕身體的重量。

骨頭的構造

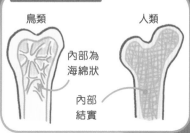

鳥類

人類

內部為海綿狀

內部結實

身體為「流線型」

鳥類的身體曲線為圓弧的流線型。這樣的身形讓牠們無須花費多餘的力氣，便能在氣流中順暢飛行。

怎麼有不會飛的鳥類？

除了本篇故事中的企鵝以外，鴕鳥與雞也是不會飛的鳥類。據聞世界上不會飛的鳥類大概有40種。不過，這些鳥類並不是一開始就不會飛，牠們的祖先也是具有飛行能力的。然而，鴕鳥與雞的祖先為了能在地面奔跑、企鵝為了能利用翅膀划水游泳，而在身體構造上發生演化，漸漸地不再飛翔。

企鵝的泳姿

有些企鵝游泳的速度與飛翔在天空的鳥類一樣快。

親自體驗看看！

觀察鳥類的飛行姿勢

在天上飛的鳥兒有各式各樣的飛行姿勢，不妨觀察一下住家周圍的鳥類是如何飛行的。

直線式飛行

上下拍動翅膀，筆直地飛行。例如鶴、麻雀等。

滯空

波浪式飛行

在短時間內反覆做出「振翅往上飛行後，又縮翅休息」的動作。例如棕耳鵯、鶺鴒等。

滑翔

大幅張開翅膀不拍動，乘著空氣從高處朝向低處飛行。例如鷹類等。

高速拍動翅膀，持續停留在空中的同一定點。例如蜂鳥、翠鳥等。由於此方式相當耗費體力，絕大多數的鳥類都無法做到。

盤旋

順著往上流動的空氣氣流，幾乎不拍動翅膀地飛行。如黑鳶、禿鷲等。

胎兒是如何誕生的呢？

歡迎來到世上，
小寶寶！

這裡是媽媽的肚子裡面。

子宮搖搖是孕育小寶寶的特製搖籃。

哦，有一顆小小的蛋

來搖搖這裡報到了。

這是比一粒鱈魚卵還小的迷你蛋。

「嘿，看到你來我好高興喔！

歡迎你呀～小寶寶。」

沒錯，這可是人類的蛋呢！

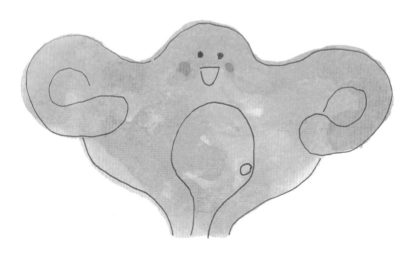

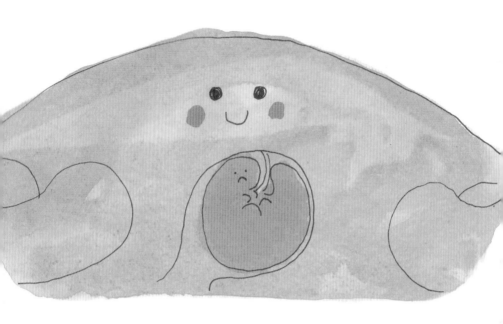

蛋牢牢地附著在搖搖身上，

逐漸長大。

「哇，長出小手與小腳了！

手指之間有蹼，

噢噢，甚至還有尾巴耶！」

模樣簡直像快變成青蛙的蝌蚪那樣。

「我真的能順利長成人類的樣子吧？」

小寶寶似乎有點擔心。

「沒問題的。」

搖搖面露笑容回答道。

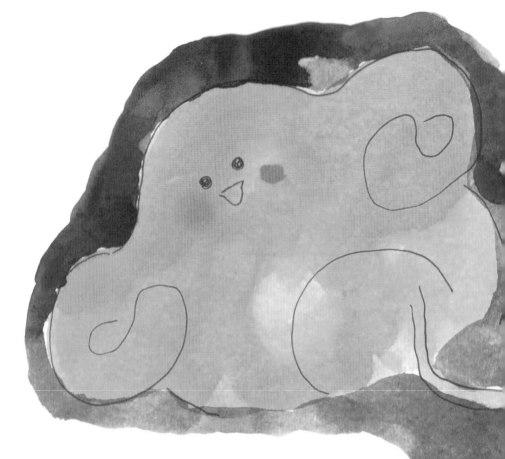

「蹼跟尾巴已經消失了，
看起來愈來愈像個人類寶寶囉～」
「嗯，那我就放心了！」
小寶寶很開心的樣子。
搖搖為了讓他能住得舒服一點，
儲存了許多溫暖的水。
簡直就像一座溫水池搖籃。
「小寶寶，應該不會覺得不舒服吧？」
「嗯，一點都不。」

「很好很好！你需要的東西
全部都可以從媽媽那裡獲得，
因為『臍帶』把你們緊緊相連喔！」
「是這條嗎？這不是多餘的東西喔？」
「嗯……或許會讓人活動起來不方便，
不過對你來說，它可是很重要的救命繩！」
「是嗎？那我知道了！」
與臍帶相連的小寶寶，
就好像漂浮在外太空的太空人一樣。

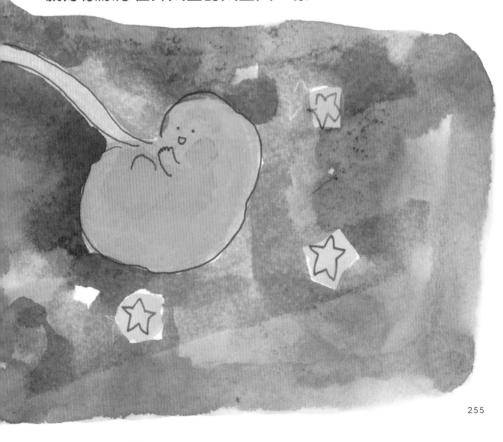

小寶寶變得愈來愈大了。

「應該幫小寶寶擴大一下搖籃了。

叮咚，媽媽～請妳將肚子再稍微

撐開一點喔！」

搖搖向媽媽提出請求。

於是，溫水池搖籃逐漸變大。

「這樣就可以暫時安心了。」

「呼哇～」

小寶寶在裡頭輕輕搖動著，似乎很舒服。

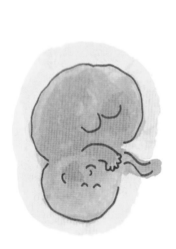
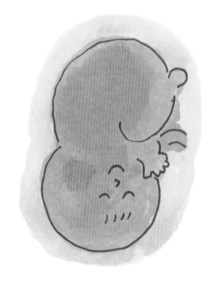

醒著時的小寶寶非常活潑好動。

「妳看～我會前滾翻耶！」

伸懶腰、跳跳舞、掌擊、飛踢樣樣來。

「啊，寶寶動了！」

「真的耶。」

小寶寶聽到有聲音從肚子外面傳來。

「媽媽跟爸爸好像很開心，

我都聽得出來喔！」

小寶寶變得比之前更大了。

「搖搖，好擠喔！」
小寶寶在溫水池搖籃裡動的時候，
連媽媽的肚子都會跟著動。
「頭朝下會比較舒服喔～」
聽到搖搖這麼說，
小寶寶嘿喲嘿喲地轉動，
讓頭部朝著下方。
這是為了來到外面的世界所做的準備。

「我的溫水池搖籃已經無法再撐大了。

我們很快就要分開囉！」

搖搖既覺得欣慰，又覺得捨不得。

「外面的世界好玩嗎？會不會很可怕？」

小寶寶顯得有些不安。

「你沒問題的！」

接著，小寶寶像烏龜似地縮起手腳，

拱起身體把自己縮得小小的。

「走吧，小寶寶，出發囉！」
搖搖大幅打開了小寶寶即將通過的出口。
「我走啦！」
小寶寶縮起頭部，往出口隧道前進。

「嘿喲，嘿喲！」
他轉動著身體，
緩緩地、慢慢地移動。
「加油啊，小寶寶！
再一下就好了，
再一下下就出去囉！」

就在小寶寶
順利離開搖搖，
來到外面的瞬間……

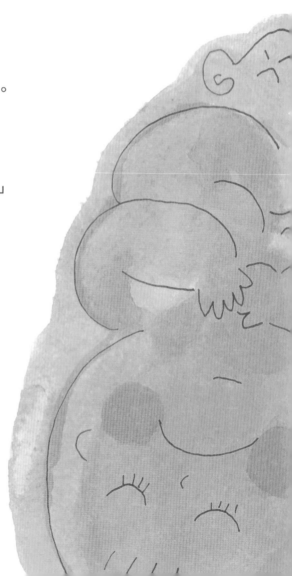

「哇哇哇！ 哇哇哇！」

聽到肚子外面響起了小寶寶
嘹亮的哭聲。

搖搖鬆了一口氣。
面對空蕩蕩的搖籃，內心難免不捨，
可是平安將寶寶送出去的喜悅，
正一點一滴不斷擴大。

「媽媽、爸爸，恭喜喔～
小寶寶就交給你們囉！」

胎兒 知多少

寶寶還在肚子裡時,被稱為「胎兒」。
胎兒究竟是如何成長的呢?

「胎兒」在肚子裡如何長大?

胎兒起初為蛋型(卵狀),外型會慢慢變成魚的樣子,再變成青蛙的樣子,最後漸漸成長為人類的模樣。胎兒會在母親肚子裡反覆進行生物演化。

1個月

約15mm、1g
彷彿小蝦般的外型。

2個月

約2.5cm、4g
心臟、眼睛、嘴巴已成形。具有尾巴。

3個月

約9cm、20g
手指與腳趾分開。

4個月

約18cm、120g
手腳會動。對外面的光線產生反應。

5個月

約25cm、250g
開始長頭髮,能判斷性別。

6個月

約30cm、700g
能聽見聲音。

7個月

約35cm、1100g
會踢媽媽的肚子,變得活潑好動。

8個月

約40cm、1600g
幾乎所有內臟的形狀與功能都已發育完成。

9個月

約46cm、2150g
肺部功能發育完成。(還沒有透過肺部呼吸)

10個月

約50cm、3000g
隨時都可以出生的狀態。

胎兒在肚子裡不會很難受嗎？

胎兒是在充滿了溫暖「羊水」的「子宮」中成長的，就好比被放入溫水中的水球那般。

維持生命的營養與氧氣，會從子宮內的「胎盤」，通過連結胎盤與胎兒的「臍帶」被吸收，因此胎兒不會覺得難受。

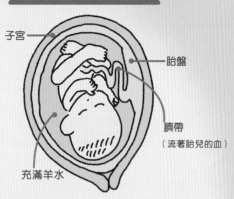

子宮

胎盤

臍帶
（流著胎兒的血）

充滿羊水

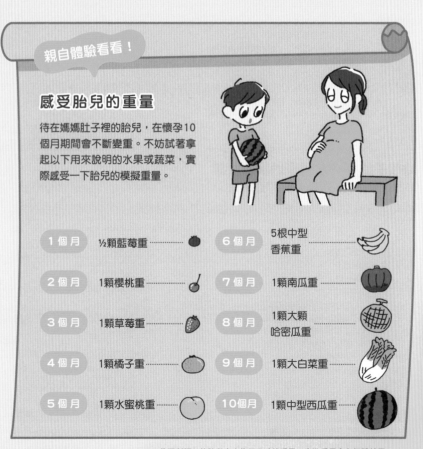

親自體驗看看！

感受胎兒的重量

待在媽媽肚子裡的胎兒，在懷孕10個月期間會不斷變重。不妨試著拿起以下用來說明的水果或蔬菜，實際感受一下胎兒的模擬重量。

1個月	½顆藍莓重		6個月	5根中型香蕉重
2個月	1顆櫻桃重		7個月	1顆南瓜重
3個月	1顆草莓重		8個月	1顆大顆哈密瓜重
4個月	1顆橘子重		9個月	1顆大白菜重
5個月	1顆水蜜桃重		10個月	1顆中型西瓜重

※ 此圖所標示的胎兒大小為足月時的重量。實際重量會有個體差異。

監修 日本國立科學博物館

成立於1877年，是日本歷史最悠久的博物館之一，亦為日本國內唯一一座涉獵自然史、科學技術史的綜合科學博物館。作為日本以及亞洲科學型博物館的核心設施，主要推進三大活動，包括調查研究、標本資料的收集和保管、展示與學習支援。這些活動主要在上野公園內的日本館（被列為重要文化財）與地球館、筑波地區的實驗植物園、研究棟及標本棟，還有港區白金台的自然教育園（被列為自然紀念物）等地方展開。

負責篇章 井手龍也（昆蟲學）P18／國府方吾郎（植物分類學）P8、P38、P162、P182、P202、P222／神保宇嗣（昆蟲分類學）P132／清拓哉（昆蟲學）P192／中江雅典（魚類學）P92／野村周平（昆蟲學）P102、濱尾章二（行為生態學・鳥類）P242／細矢剛（菌類分類學）P28、142／洞口俊博（天文學）P112、152、212／前島正裕（科學技術史）P172、232／真鍋真（古脊椎動物學）P48

著者 山下美樹 （Yamashita Miki）

曾任職於NTT，而後成為IT、天文宇宙類文章撰稿者，同時師事岡信子、小澤正，由此踏上童話作家之路，以幼兒童話和科學讀物為中心執筆創作。主要作品有《健太的鳥巢大作戰》、《「隼鳥號」所送達的時空膠囊》、《「破曉號」的一等星謎團追追追！》（以上皆為暫譯，文溪堂出版）、《地球演化圖鑑》（暫譯，PHP研究所出版）。為日本兒童文藝家協會會員，定居東京都。

監修協力	田中千尋（御茶水女子大學附設小學教師） 東京都下水道局
AD	細山田光宣（細山田設計事務所）
設計	室田 潤、伊藤 寬（細山田設計事務所）
編輯	內野陽子（WILL）
插圖	市居みか、かわむらふゆみ、佐佐木一澄、柴田ケイコ、高藤純子、田中六大、長崎真悟、目黑雅也、メセグリン
圖解插畫	高村あゆみ、德永明子、平澤 南

給孩子的第一本科學啟蒙故事集
25個日常範例，帶領孩子深度思考

2020年12月1日初版第一刷發行

監　　修	日本國立科學博物館
著　　者	山下美樹
譯　　者	陳姵君
編　　輯	陳映潔
發 行 人	南部裕
	＜地址＞台北市南京東路4段130號2F-1
	＜電話＞(02)2577-8878
	＜傳真＞(02)2577-8896
	＜網址＞http://www.tohan.com.tw
郵撥帳號	1405049-4
法律顧問	蕭雄淋律師
總 經 銷	聯合發行股份有限公司
	＜電話＞(02)2917-8022

GUNGUN ATAMA NO YOI KO NI SODATSU
YOMIKIKASE KAGAKU NO OHANASHI 25
supervised by National Museum of Nature and Science,
written by Miki Yamashita
Copyright © 2019 Miki Yamashita
All rights reserved.
Original Japanese edition published by SEITO-SHA Co.,
Ltd., Tokyo.

This Traditional Chinese language edition is published by
arrangement with SEITO-SHA Co., Ltd., Tokyo in care of
Tuttle-Mori Agency, Inc.

國家圖書館出版品預行編目(CIP)資料

給孩子的第一本科學啟蒙故事集：25個日常範例，帶領孩子深度思考／日本國立科學博物館監修；山下美樹著；陳姵君譯. -- 初版. --臺北市：臺灣東販，2020.12
264面；14.7×21公分
ISBN 978-986-511-538-8（平裝）

1. 科學教育 2.學前教育 3.兒童讀物

523.23　　　　　　　　　　109017030

TOHAN